OBSERVATIONS GÉOLOGIQUES

SUR QUELQUES

TERRAINS SECONDAIRES

DU

SYSTÈME DES VOSGES.

(Extrait des *Annales des Mines*, 1827-1828.)

OBSERVATIONS

GÉOLOGIQUES

SUR

LES DIFFÉRENTES FORMATIONS QUI, DANS LE SYSTÈME DES VOSGES, SÉPARENT LA FORMATION HOUILLÈRE DE CELLE DU LIAS;

Par L. ELIE DE BEAUMONT,

Ingénieur des Mines, Membre de la Société d'Histoire naturelle de Paris, Membre honoraire de la Société helvétique des Sciences naturelles, Correspondant de l'Académie royale des Sciences de Prusse, etc., etc.

PARIS,

IMPRIMERIE DE Mme. HUZARD (NÉE VALLAT LA CHAPELLE), Rue de l'Éperon-Saint-André-des-Arts, n°. 7.

1828.

AVERTISSEMENT.

Ce travail a été inséré, en deux parties, dans les *Annales des Mines,* années 1827 et 1828, parmi les mémoires destinés à servir d'introduction à la Carte géologique de la France, à laquelle je travaille par ordre de Monsieur le Directeur général des ponts et chaussées et des mines , sous la direction de M. Brochant de Villiers, Inspecteur divisionnaire des mines, membre de l'Institut , etc. Les observations qu'elle renferme ont été faites pendant deux voyages exécutés, le premier, en 1821, dans toute l'étendue du système des Vosges et le second, en 1825 , dans quelques parties seulement de la même contrée. L'ensemble des idées que j'expose aujourd'hui

résulte par conséquent de ma première
course, qui a été de beaucoup la plus longue : dès le commencement de l'année 1822 , j'ai eu l'avantage de discuter
mes observations avec M. Boué, dans la
collection de qui j'ai vu alors, pour la première fois, des échantillons bien caractérisés du muschelkalk de l'Allemagne : M. de
Humboldt a eu la bonté de citer un de
mes principaux résultats à la page 275 de
son *Essai géognostique sur le gisement des
roches dans les deux hémisphères*, impri-
mé pendant l'hiver de 1822 à 1823, plusieurs mois avant le voyage de MM. d'Oeynhausen , de Dechen et de la Roche, sur
les deux rives du Rhin. Je suis donc fondé
à espérer que si mon travail présente des
traits généraux de ressemblance avec celui
des géologues que je viens de citer, il ne
résultera de là qu'une présomption d'exac-
titude en faveur de l'un et de l'autre. Du
reste, les localités que je décris diffèrent
généralement de celles qu'ils ont fait con-

naître, et toute mon ambition sera satis-
faite si on trouve dans les détails de mes
observations de quoi me justifier d'avoir
songé à les publier après le savant ouvrage
et la belle carte de MM. d'Ocynhausen, de
Dechen et de la Roche.

Paris, Novembre 1828.

OBSERVATIONS GÉOLOGIQUES

SUR

LES DIFFÉRENTES FORMATIONS QUI, DANS LE SYS-
TÈME DES VOSGES, SÉPARENT LA FORMATION
HOUILLÈRE DE CELLE DU LIAS;

PAR M. L. ÉLIE DE BEAUMONT, Ingénieur des
Mines.

INTRODUCTION.

§ 1. DANS l'étude de la constitution géologique d'un pays d'une certaine étendue, composé de plusieurs systèmes de montagnes et de plusieurs bassins distincts, il paraît convenable de s'occuper d'abord des terrains qui, s'étendant à de grandes distances, et franchissant les limites des systèmes de montagnes et des bassins hydrographiques sans changer sensiblement de caractères, fournissent, par-tout où ils se montrent, un point de repère assuré, et forment, suivant l'expression si heureusement introduite dans notre langue par un célèbre géologue, une sorte d'*horizon* (1), qui peut servir de point de départ pour

Objet de ce mémoire.

---

(1) *Essai géognostique sur le gisement des roches dans les deux hémisphères;* par M. Alexandre de Humboldt, page 16.

1

fixer l'ancienneté relative des couches situées au-dessus et au-dessous.

Dans l'est de la France les formations secondaires et certaines couches tertiaires offrent à l'observateur les avantages dont nous venons de parler, avantages qui paraissent au contraire refusés aux terrains primitifs et de transition. Le terrain houiller, le lias et les premières couches des dépôts tertiaires y présentent des horizons géognostiques très-nets, et qui s'observent très-aisément sur des étendues souvent considérables et en des points très-éloignés. Le muschelkalk, certaines couches du terrain oolithique, sur·tout celles qui divisent cette formation en trois étages distincts, et le terrain de grès vert et de craie présentent aux géologues le même secours.

C'est l'efficacité de ces secours qui nous a engagé à commencer l'étude, et par suite la description géologique des terrains de l'Est de la France par celle des formations secondaires et tertiaires qui s'y rencontrent.

Nous diviserons cette description en différens mémoires, dont chacun aura pour objet de faire connaître une ou plusieurs formations, considérées dans toute l'étendue d'une région naturelle, telle qu'un système de montagnes ou un bassin de rivière.

Nous nous occuperons dans celui-ci des différentes formations qui, dans le système des Vosges, remplissent l'intervalle compris entre le terrain houiller et celui de lias, lesquels terrains y forment, l'un au-dessus de l'autre, deux étages bien distincts, ou deux horizons géognostiques parfaitement déterminés.

Pour rendre plus claire la description des caractères et de la position de ces formations, nous dirons, en passant, quelques mots sur le terrain houiller, qui leur sert de base et qui se montre en différens points des Vosges sur de petites étendues.

Mais, avant d'entrer en matière, nous croyons nécessaire de tracer un aperçu de la configuration générale des montagnes des Vosges, et de donner quelques détails sur la constitution des montagnes de transition, dont les flancs servent d'appui tant au terrain houiller qu'aux formations qui sont l'objet de ce mémoire.

§ 2. Le nom de Vosges, pris dans son acception la plus générale, désigne les montagnes qui s'élèvent dans la contrée comprise entre le cours du Rhin de *Bâle* à *Manheim*, et une ligne tirée de *Bourbonne-les-Bains* à *Kaiserslautern*. Ainsi défini, ce nom s'applique non-seulement aux montagnes de transition qui couvrent l'espace triangulaire compris entre Plombières, Massevaux et Schirmeck, et à celles de grès qui les entourent, mais encore aux montagnes composées presque entièrement de grès, qui s'étendent de Schirmeck vers le Mont-Tonnerre, et qu'on distingue quelquefois en français sous le nom de Basses-Vosges, et en allemand sous le nom de *Hardt*. Il semblerait, au premier coup-d'œil, que ce second groupe pourrait être isolé du premier; mais comme les grès qui le composent forment aussi une partie des montagnes du groupe méridional, on est obligé de reconnaître qu'il n'existe véritablement aucune ligne de démarcation, soit physique, soit minéralogique, entre l'un et l'autre groupe, qui permette de donner au mot *Vosges*, dans un travail géologique, une acception moins générale que celle qui est indiquée ci-dessus.

Nous considérons comme faisant partie du système des Vosges non-seulement tous les terrains qui s'observent dans l'espace ci-dessus désigné, mais encore tous ceux qui, hors de cet espace, montrent par l'inclinaison de leurs couches qu'ils sont coordonnés aux pentes des montagnes des Vosges. Nous suivrons même ces terrains dans des points qui se trouvent réellement hors du système des Vosges, lorsque cela sera nécessaire pour bien fixer leur position géologique.

La contrée que nous avons indiquée comme renfermant les Vosges est loin d'être couverte de montagnes dans toute son étendue. La partie orientale, qui forme le côté gauche de la vallée du Rhin, présente une plaine de plusieurs myriamètres de large, assez unie et peu élevée au-dessus de ce fleuve ; tandis que du côté de l'ouest, la ligne tirée de Bourbonne-les-Bains à Kaiserslautern coupe, il est vrai, quelques cantons montueux, qui sont des rameaux des Vosges, mais traverse le plus souvent des plaines dont la surface, légèrement ondulée, s'élève en pente très-douce vers les montagnes.

La plupart des cartes de France donnent une idée peu exacte de la configuration extérieure de ces contrées, en représentant les Vosges comme liées au Jura et à la Côte-d'Or par des chaînes de montagnes continues. Si le niveau des mers s'élevait de 3 à 400 mètres, les Vosges formeraient une île ou un archipel qui, très-étroit vers *Saverne*, aurait une largeur de 6 ou 8 myriamètres sous le parallèle de *Remiremont* et sous celui de *Bitche*.

La ligne qui joindrait de proche en proche les sommets les plus élevés des Vosges se composerait de deux parties à-peu-près rectilignes, formant entre elles un angle presque droit. La première s'étendrait du ballon d'Alsace, montagne située au nord de Giromagny, jusqu'à peu de distance du Mont-Tonnerre, sur une lon-

Configuration extérieure des Vosges.

gueur de près de 25 myriamètres ; la seconde , beaucoup plus courte , se dirigerait du Ballon d'Alsace vers Plombières.

Le point le plus élevé des Vosges est le ballon de Gebweiller, situé à 2 myriamètres au nord-est du ballon d'Alsace, et hors des deux files principales de sommets qui partent de ce point central. Le ballon de Gebweiller s'élève à plus de 1400 mètres au-dessus de la mer. Le ballon d'Alsace n'atteint pas tout-à-fait cette hauteur.

La région la plus basse qu'on trouve dans le voisinage des Vosges est la vallée du Rhin; et comme en même temps la ligne de faîte principale est beaucoup plus rapprochée du bord de la région montueuse de ce côté que de l'autre , les Vosges présentent vers l'Alsace une pente beaucoup plus rapide que vers la Lorraine. A partir de la ligne menée de *Bourbonne-les-Bains* à *Kaiserslautern*, le terrain, abstraction faite des vallées qui le découpent, s'élève en pente douce jusqu'à la ligne de faîte : au contraire la plaine du Rhin est bordée dans toute sa longueur par une suite d'escarpemens et de pentes très-rapides, qui, considérés en masse, forment une sorte de grande falaise, qui s'étend sans interruption depuis la vallée de Thann jusqu'au-delà de Lándau. Par suite de cette disposition, la ligne de partage des eaux entre le bassin du Rhin et celui de la Moselle s'est trouvée repoussée à l'ouest de la ligne qui joint de proche en proche les plus hauts sommets, parce que les vallées ouvertes vers l'est se sont approfondies plus aisément que celles dirigées en sens opposé, à cause de la plus grande force érosive des eaux sur une pente plus rapide. Les premières sont plus profondes que les vallées correspondantes ouvertes vers l'ouest ; et les routes qui conduisent d'Alsace en Lorraine, en traversant les Vosges, ont en général une pente bien plus rapide pour parvenir à leur point le plus haut, que lorsqu'elles redescendent ensuite pour atteindre le fond des vallées, dont les eaux coulent vers la Moselle.

En parcourant dans différentes directions le groupe de montagnes dont nous venons d'esquisser la configuration extérieure, l'œil le moins exercé ne tarde pas à y distinguer deux sortes de montagnes. *Composition des Vosges.*

Celles qui, dans la partie méridionale, se trouvent à-la-fois les plus centrales et les plus élevées présentent ordinairement des croupes et des cimes arrondies, dont l'aspect a de tout temps frappé les habitans, qui les ont appelées *Ballons.* Il est rare que les vallées les plus profondes y soient bordées de grands rochers et d'escarpemens considérables ; et cela n'a jamais *Montagnes de transition.*

lieu que dans les parties formées de roches
granitoïdes : encore arrive-t-il presque toujours
que ces roches se décomposent assez facilement pour prendre des contours arrondis. Ces
mêmes roches étant très - peu fendillées, les
eaux sont obligées de couler à leur surface, ce
qui produit un grand nombre de sources qui, en
facilitant la crue et la conservation de diverses
plantes propres aux lieux humides, ont occasionné
la formation de dépôts tourbeux qu'on rencontre
à toutes les hauteurs. Les montagnes composées
de roches compactes ou schisteuses sont au contraire pénétrées, dans toutes les directions, de
fentes très-multipliées, et présentent beaucoup
moins de sources et de tourbières que celles formées de roches granitoïdes.

Les montagnes dont nous parlons présentent
un grand nombre de roches cristallines qui se
lient ou s'enchevêtrent avec des roches contenant des restes d'organisation, et dont plusieurs
sont évidemment arénacées. Les unes et les
autres paraissent devoir être regardées comme
appartenant au terrain de transition ; on y distingue des *gneiss*, des *granites*, des *syénites*, des *dia-*
bases, des *porphyres rouges quarzifères*, des *por-*
phyres pyroxéniques, des *dolomies*, des *masses de*
fer oligiste, des *euphotides*, des *serpentines*, des
schistes talqueux, des *schistes argileux*, des *grau-*

vackes, des *amas d'anthracite*, des *calcaires sac-charoïdes* et *compactes*, etc.

Ces roches de transition se montrent principalement dans l'espace triangulaire, dont les trois angles sont *Schirmeck*, *Plombières* et *Massevaux*, et le couvrent presque en entier. Les plus hauts sommets des Vosges en sont composés. Hors de ce triangle, les mêmes roches ne se montrent qu'en un petit nombre de points. Elles forment près de *Beffort* une petite chaîne avancée, dont le Salbert est le sommet principal. Les vallées d'*Aillevillers*, de *Fontenois*, de *la Hutte*, de *Châtillon-sur-Saône*, et de *Bussières-les-Belmont* les mettent à découvert chacune en un point. Elles se montrent aussi à l'entrée des vallées de *Jægerthal*, d'*Erlenbach* et d'*Annweiler*, qui débouchent dans la plaine de l'Alsace, vis-à-vis de Haguenau, de Wissembourg et de Landau.

Dans la partie méridionale des Vosges, c'est-à-dire entre Plombières et le ballon d'Alsace, les couches des roches schisteuses et les plus grandes dimensions des masses non stratifiées sont dirigées le plus habituellement de l'Ouest 15° Nord à l'Est 15° Sud. Dans la partie située entre le *ballon d'Alsace* et *Schirmeck*, elles sont le plus souvent dirigées du N.-E. $\frac{1}{4}$ N. au S.-O. $\frac{1}{4}$ S., c'est-à-dire parallèlement à la partie principale de la ligne de faîte. Les vallées semblent avoir une tendance constante à se diriger dans le sens de la direction moyenne de la stratification; l'inclinaison n'a rien de constant. J'ai cru remarquer qu'en général les roches granitoïdes forment des dômes allongés, dans le sens indiqué comme étant la direction moyenne de la stratification. Les roches schisteuses semblent se grouper autour de ces dômes; la direction de leur stratification est, en général, à-peu-près parallèle à celle de leurs flancs, quelles que soient les contorsions qu'elles présentent dans le sens de leur inclinaison. Les porphyres semblent former des filons plus ou moins larges, ou des masses irrégulières, qui traversent indifféremment toutes les autres roches, soit transversalement, soit parallèlement à la stratification, quand il y en a une.

J'ai vu des masses de porphyre rouge, contenant de gros grains de quarz hyalin en dodécaèdres imparfaits, se montrer au pied oriental du dôme de syénite, qui, formant le prolongement septentrional du Champ-du-Feu, sépare la vallée de Schirmeck de celle Grendellbruch; de même au pied oriental du dôme de syénite, qui sépare la vallée de Sainte-Marie-aux-Mines de celle de la Croix, et aussi au pied septentrional du ballon d'Alsace, près de Saint-Maurice. Si l'on monte la

seconde de ces montagnes par l'ancienne route
de Sainte-Marie-aux-Mines à Saint-Diey, on voit
plusieurs filons de porphyre noir (amphibo-
lique ou pyroxénique ?) traverser la syénite. En
montant de Saint-Maurice au ballon d'Alsace par
la belle route qui le traverse, on voit plusieurs
filons du même porphyre noir, au milieu du porphyre rouge quarzifère et de la syénite. Ces trois
localités, et plusieurs autres présentant des dispo-
sitions analogues, mériteraient d'être examinées
plus en détail. On pourrait espérer d'y faire des
observations très-utiles pour éclaircir les idées
que l'on peut se former des rôles divers que les
roches granitoïdes, les porphyres rouges quarzifères et les porphyres noirs, ont joués dans la
production des montagnes dont ils font aujour-
d'hui partie.

Je me bornerai, pour le moment, à ces notions
générales sur les montagnes de transition des
Vosges. N'ayant pu les visiter depuis l'année
1821, je dois attendre l'occasion d'un nouveau
voyage pour publier le peu d'observations que
j'ai pu faire sur les détails de la composition des
diverses parties de ces montagnes que j'ai visitées (1). Il serait bien à désirer que M. Voltz,

---

(1) J'en ai inséré quelques-unes dans une notice sur les

ingénieur au Corps royal des Mines, en résidence à Strasbourg, fît jouir le public de celles que de fréquens voyages l'ont mis à même de faire dans ces montagnes depuis plusieurs années, et dont il a bien voulu me communiquer un grand nombre, avec toute la bienveillance qui le caractérise. On en trouve aussi de très-intéressantes dans l'ouvrage intitulé : *Geognostiche Umrisse der Rheinländer zwischen Basel und Mainz*, publié en 1825 par MM. d'OEynhausen, de Dechen et de la Roche, à la suite d'un voyage qu'ils ont fait dans ces contrées en 1823.

I. FORMATION DU GRÈS ROUGE.

Grès rouge des Vosges. Son étendue ; sa stratification.

§ 3. Les trois côtés du triangle, que forme la masse principale des montagnes de transition des Vosges, sont bordés par des rangées plus ou moins continues de montagnes, d'un aspect entièrement différent, à lignes horizontales et à formes carrées, composées d'un grès quarzeux rougeâtre, connu sous le nom de *grès des Vosges*, qui, étant plus récent que le terrain houiller, fait déjà partie des formations auxquelles ce mémoire est spécialement consacré.

Sur le côté sud de ce triangle, la rangée des

mines de fer et les forges de Framont et de Rothau, insérée dans les *Annales des Mines*, t. VII, p. 521 (1822).

montagnes de grès est étroite et souvent interrompue; sur le côté de l'est, la zone de montagnes
de grès n'est pas non plus entièrement continue.
Profondément découpées par les vallées, ces montagnes présentent de tous côtés, et même vers la
plaine du Rhin, des pentes très-rapides et des
flancs escarpés. Sur le côté nord-ouest, au contraire, la bande de montagnes de grès est large
et continue, et on voit le terrain de grès des Vosges s'abaisser en s'approchant de la plaine, sur les
bords de laquelle il ne présente que de très-
faibles escarpemens. Cette bande, après s'être
réunie vers son extrémité septentrionale, à-peu-
près sous le parallèle de Strasbourg, à la bande
de l'est, se prolonge jusqu'au parallèle de Manheim; elle présente dans toute son étendue la
forme d'un grand plateau d'une largeur variable et d'une hauteur à-peu-près uniforme, et
constitue à elle seule toute la partie septentrionale de la chaîne des Vosges, dans laquelle
les roches de transition ne se montrent plus
qu'en un petit nombre de points isolés, situés
au fond de quelques-unes des vallées qui découpent profondément le grand dépôt de grès.
Les couches qui forment ce plateau, quoique
horizontales pour l'œil qui ne les embrasse que
sur une petite étendue, plongent insensiblement
vers l'Ouest-Nord-Ouest, et se perdent sous les

formations plus récentes qui constituent les plaines ondulées de la Lorraine. Du côté de l'Alsace s'offrent, au contraire, comme on l'a déjà dit, des pentes rapides et souvent escarpées, une espèce de falaise, qui, commençant au nord de *Landau*, s'étend tout autour du bassin de Strasbourg jusqu'à la vallée de la Brusche, et se continue le long de la bande orientale de grès des Vosges jusqu'à *Gebweiller* et *Sultz*.

Cette longue falaise n'est interrompue que par des vallées étroites et profondes, qui, lorsqu'elles sont creusées en entier dans le grès, ne présentent presque jamais dans leur fond de rochers à découvert. Les courans d'eau ayant aisément attaqué cette roche, le creusement des vallées a presque complétement atteint la limite à laquelle l'action des eaux tend à la faire arriver. Un ruisseau y serpente sans bruit au milieu d'une prairie très-unie. Les deux pentes qui bordent les vallées présentent souvent à leur pied un talus de sable mêlé de blocs de grès, qui est fréquemment couronné par un escarpement assez abrupte. Cet escarpement présente rarement un plan vertical régulier : les diverses couches du grès, résistant inégalement à l'action de l'atmosphère, se sont plus ou moins dégradées, et se dessinent par des saillies ou des retraites plus ou moins grandes. On est frappé, à

l'aspect de ces escarpemens, de l'exacte horizontalité des couches et du peu de fissures verticales qu'elles présentent.

Lorsqu'une vallée se trouve bordée d'escarpemens des deux côtés à-la-fois, on remarque
constamment que les couches saillantes et ren-
trantes se correspondent exactement de part et
d'autre, et on ne peut douter que dans l'origine
elles n'aient formé continuité. Très-souvent, à
côté et en avant des escarpemens, on voit des rochers minces et verticaux, semblables à des pi-
lastres grossièrement taillés, qui semblent avoir
été laissés comme des preuves de l'ancienne continuité des couches qui constituent les deux
escarpemens à travers le vide qui forme aujour-
d'hui la vallée. Le sommet des montagnes est souvent tout-à-fait arrondi; quelquefois aussi il est
formé par des blocs amoncelés, composés des
parties les plus solides du grès, qui atteignait
antérieurement un niveau bien plus élevé, et dont
les parties les moins agglutinées ont été entraî-
nées par les eaux. Très-souvent aussi les différentes causes de dégradation, en arrondissant et
abaissant le sommet, y ont laissé, comme un
témoin de sa première hauteur, un rocher stable
et taillé à pic, qui peut être comparé à ceux qui
s'élèvent en avant des escarpemens. Les formes
carrées de ces rochers, les lignes horizontales

qui s'y dessinent, leur donnent un aspect de ruines, qui s'allie assez heureusement à celui des vieux châteaux dont la plupart sont couronnés.

Sur les deux flancs d'une même vallée, et souvent sur toute l'étendue d'un même canton, toutes les montagnes de grès des Vosges s'elèvent à des hauteurs à-peu-près égales. Cette circonstance, jointe à celles de l'horizontalité presque parfaite de leurs couches, du petit nombre de fissures verticales qu'elles présentent, de l'existence de ces rochers hardis et souvent isolés, dont aucun n'est incliné, semble attester que, depuis le dépôt du grès des Vosges, ces montagnes n'ont pas éprouvé les effets de ces causes perturbatrices, qui, dans quelques autres chaînes de montagnes, et notamment dans toute l'étendue du système des Alpes, ont produit, à une époque postérieure même aux dépôts tertiaires, des dérangemens de stratification si frappans. Tout semblerait au contraire indiquer que l'action lente des eaux, agissant peut-être de préférence suivant quelques grandes fissures verticales, a taillé ces montagnes dans un grand dépôt arénacé, qui, étendu en forme de ceinture autour des montagnes de transition, se prolongeait vers le N.-N.-E. jusqu'au pied du Mont-Tonnerre.

Toutefois, s'il est évident que les terrains

des Vosges n'ont pas éprouvé de dislocation depuis le dépôt du grès rouge, il ne l'est pas également que les bases de ces montagnes soient restées depuis cette époque dans un état d'immuabilité complète. Lorsque je réfléchis aux causes qui ont pu produire l'espèce de falaise déjà indiquée comme terminant les Vosges du côté de la plaine de l'Alsace, et qui forme un des traits les plus proéminens de la configuration extérieure de ces contrées ; lorsque je remarque que les dépôts de grès bigarré et de muschelkalk, à-peu-près également développés sur tout le pourtour des Vosges, ne s'élèvent pas aussi haut à l'Est de cette falaise que sur la pente opposée de la chaîne, et que dans les points de la plaine de l'Alsace où on les voit au pied de l'escarpement du grès des Vosges, leurs couches sont souvent inclinées, quelquefois même contournées d'une manière qui ne leur est pas ordinaire, je me demande si un état de choses si particulier ne pourrait pas être attribué à une grande fracture, à une *faille*, qui, à une époque postérieure au dépôt du muschelkalk, et peut-être beaucoup plus récente, se serait produite suivant la ligne qui forme actuellement le bord oriental de la région montueuse, et qui, sans occasionner une dislocation générale, aurait simplement fait naître la différence de niveau actuellement existante entre des points qui, lors du dépôt du muschelkalk, ont dû probablement se trouver à-peu-près à la même hauteur. L'examen de cette question, ou plutôt celui des faits qui me l'ont suggérée, me semblerait devoir présenter quelque intérêt, et j'espère qu'on me pardonnera d'avoir mis en avant une hypothèse un peu hasardée pour attirer sur eux l'attention des géologues qui visiteront ces intéressantes contrées.

§ 4. Le terrain dont nous venons de décrire la position et la stratification est, en général, composé, comme son nom l'indique, d'une roche arénacée ou grès, dont les caractères sont toujours à-peu-près les mêmes dans toute l'étendue de la chaîne. Cette roche est essentiellement formée de grains amorphes de quarz, dont la grosseur varie depuis celle d'un petit grain de millet jusqu'à celle d'un grain de chenevis; leur surface extérieure paraît souvent présenter des facettes cristallines, et réfléchit vivement les rayons du soleil. Elle est ordinairement recouverte d'un très-léger enduit coloré en rouge par du peroxide de fer, ou quelquefois en jaune par du fer hydraté; mais on reconnaît aisément qu'à l'intérieur ces grains de quarz sont incolores et translucides. Cet enduit ferrugineux contribue sans doute à faire adhérer les grains les uns aux autres; mais il ne paraît pas être la seule cause de cette adhésion : car on voit des variétés de grès qui offrent à peine quelques traces de cet enduit ferrugineux, et dans lesquelles cependant les grains adhèrent très-fortement les uns aux autres, de manière à former presque une masse continue. Au reste ce cas se présente rarement, et l'adhérence des grains est le plus souvent assez faible. La roche s'égrène aisément, et mérite parfaitement le nom de *pierre de sable* par lequel on la désigne souvent dans le pays. Au milieu des grains quarzeux on distingue ordinairement d'autres grains moins nombreux, d'un blanc mat, non translucides, plus anguleux et moins solides, qui paraissent des fragmens de cristaux de feldspath en décomposition. On distingue en outre dans quelques variétés, entre les grains de quarz, de très-petites masses d'argile blanche, qui ne sont probablement autre chose que les grains précédens dans un état encore plus complet de décomposition. Quelquefois aussi un petit nombre de paillettes de mica blanc sont dispersées irrégulièrement entre les grains. La couleur de ce grès, résultat de cet enduit, qui, comme nous l'avons dit, enveloppe et cimente ses grains, est le plus souvent un rouge de brique pâle, qui devient quelquefois très-foncé, et qui, dans d'autres cas, passe au rouge violet, au blanc ou au blanc jaunâtre ; quelquefois aussi la couleur est un jaune de rouille passant au brun. Dans certains échantillons, on voit plusieurs de ces couleurs former des bandes parallèles, ou des taches. La variation de la couleur est souvent accompagnée d'une variation dans la solidité.

Il est aisé de s'assurer que la couleur n'est qu'appliquée sur la surface des grains; car, comme elle n'est jamais due qu'à de l'oxide rouge ou à de l'hydrate de fer, l'acide muriatique l'enlève aisément, et tous les grains restent incolores ou blancs.

J'ai trouvé dans un échantillon de ce grès, de la composition la plus ordinaire, plus de 0,95 de silice; le reste ne contenait probablement que de l'oxide de fer et de l'alumine.

On voit quelquefois dans des blocs de grès des Vosges, d'un grain et d'une couleur ordinaires, des portions arrondies de quelques millimètres de diamètre, colorées en brun jaunâtre par le fer hydraté, qui leur sert de ciment. Souvent ces parties cèdent plus aisément que la masse à l'action de l'atmosphère, et laissent à la surface des blocs des cavités hémisphériques; quelquefois aussi, étant plus résistantes, elles restent en saillie. Le même grès présente aussi très-souvent de petits filons de fer hydraté qui, de part et d'autre, se fondent dans la masse du grès qu'ils agglutinent. Ces filons sont, en général, plus solides que le grès qui les entoure; on les voit se dessiner en arêtes saillantes sur la surface des blocs exposés à l'action destructive de l'atmosphère.

On observe très-souvent qu'un bloc de grès des Vosges paraît composé d'espèces de feuillets un peu courbes, dont la direction n'est pas, comme cela arrive le plus ordinairement, parallèle aux plans de séparation des couches, et n'est pas constante dans un même bloc. Ces espèces de feuillets se dessinent en présentant, de l'une de leurs surfaces à l'autre, de petites variations de nuances et de grains, qui se répètent périodiquement dans les feuillets successifs. Il ne résulte pas de là un véritable tissu schisteux; cependant, c'est suivant les surfaces de contact de ces espèces de feuillets que la roche se divise le plus aisément. Au reste, cette disposition, dont j'ai essayé de donner une idée dans la Pl. I, *fig.* 1, n'est pas particulière au grès des Vosges. On la retrouve dans toutes les formations de grès, par exemple, dans le grès houiller de Glascow, le grès rouge de l'île d'Arran, le *millstone-grit* de Sheffield, la mollasse de la Suisse, dans les formations oolithiques, et jusque dans les dépôts de sables d'alluvion. Elle paraît être une conséquence nécessaire du mode suivant lequel les eaux stratifient les dépôts arénacés.

Le grès des Vosges se divise naturellement en gros blocs, qui présentent grossièrement la forme d'un parallélipipède. Les joints de stratification, qui marquent la séparation des couches, sont le plus souvent éloignés d'un à 2 mètres, et les fissures perpendiculaires à ces joints le sont beaucoup plus. Les couches successives diffèrent les unes des autres par des nuances de couleur, par de petites différences dans le grain ou la cohésion, par la faculté plus ou moins grande de résister aux intempéries de l'air, et par l'absence, ou la présence, et l'abondance plus ou moins grande de galets d'une nature particulière, propres au grès des Vosges, et qui en font quelquefois un véritable poudingue à pâte de grès.

§ 5. Ces galets sont presque toujours quarzeux ; leur surface, toujours plus ou moins bien arrondie, présente quelquefois de petites facettes, qui réfléchissent vivement les rayons du soleil ; mais le plus souvent elle est très-unie. On ne voit pas que ces galets tendent à affecter une forme déterminée ; on en trouve rarement de très-plats ; quelquefois ils ont jusqu'à un décimètre de diamètre. Un grand nombre de ces galets sont formés d'un quarz gris rougeâtre ou blanc grisâtre, à cassure inégale, et très-souvent un peu grenue, renfermant fréquemment de pe-

tites paillettes de mica brun rougeâtre, et présentant quelques indices de structure schisteuse ;
on trouve aussi des galets de quarz rouge compacte. Les noyaux de quarz gris rougeâtre ou
rouge présentent souvent des veines plus ou
moins foncées. Un grand nombre sont traversés
par des veines ou petits filons de quarz blanc. On
trouve aussi très-fréquemment dans le grès des
Vosges des galets de quarz très-blanc, ordinairement compacte, quelquefois grenu ; ces der-
niers présentent quelques paillettes de mica
brun-noirâtre. Les premiers offrent une cassure
esquilleuse d'un blanc un peu laiteux ; les uns et
les autres sont translucides ; on en voit qui, plus
translucides, plus esquilleux et plus tenaces que
les autres, ressemblent à du quarz néopètre (*horn-
stein*). On trouve aussi des galets de quarz noir
compacte ou grenu, dont plusieurs sont traversés
par de petits filons de quarz blanc, et contiennent
des paillettes de mica ; ils sont ordinairement plus
petits et plus plats que les autres ; enfin on
trouve, dans ce même grès, des fragmens arrondis de roches d'un gris ou d'un jaune sale, un
peu décomposées, qui, blanchissant et fondant
un peu au chalumeau, paraissent être feldspathiques.

Les galets quarzeux que renferme le grès des
Vosges présentent, comme ce grès lui-même,

des caractères assez semblables dans les diverses parties de la chaîne, et les principales variétés qu'on y observe se trouvent toujours à-peu-près dans les mêmes proportions. Ils sont tous pareils à ceux qu'on voit en Angleterre dans le vieux grès rouge et le nouveau grès rouge.

Près de la chapelle de Bourg-les-Monts, à un quart de lieue au N.-O. de Ronchamps (département de la Haute-Saône), le grès des Vosges m'a offert un grand nombre de galets quarzeux, analogues à ceux qu'on rencontre habituellement épars dans ce grès. Parmi ces galets, j'en ai remarqué plusieurs qui m'ont semblé jeter quelque jour sur l'origine de tous, origine qui avait paru équivoque à quelques géologues.

L'un de ces galets, grossièrement arrondi, et dans lequel on reconnaît encore beaucoup de traces de la structure parallélipipédique pseudo-régulière, que présentent souvent les fragmens dans lesquels se divisent naturellement les quarz schisteux de transition, est formé de plusieurs veines d'un quarz rougeâtre ou blanc-grisâtre, séparées par de petites veines un peu contournées de mica d'un gris bleuâtre ou d'un jaune passant au brun. Il est très-vraisemblable que ce caillou n'a été que faiblement soumis aux causes qui ont arrondi les autres; que s'il y avait été exposé plus long-temps, il se serait divisé en autant de fragmens qu'il présente de veines amygdalines de quarz ; et que chacune de ces veines, dépouillée de sa surface micacée et arrondie par le frottement, aurait produit un petit galet entièrement semblable à beaucoup de ceux qu'on trouve le plus communément dans le grès des Vosges.

Un autre galet de quarz blanc translucide, trouvé au même endroit et dont la surface est parfaitement arrondie, abstraction faite de beaucoup de petites facettes miroitantes qui lui donnent un aspect particulier de cristallinité, m'a présenté dans sa cassure plusieurs petites veines légèrement contournées de mica d'un jaune tirant au brun, qui montrent que ce galet avait fait partie d'une couche quarzeuse ou d'un rognon quarzeux empâté dans une masse stratifiée ; et il est probable qu'il en est de même de tous les cailloux de quarz blanc translucide et souvent laiteux qu'on trouve dans le grès des Vosges. Ces galets ne doivent donc pas leur origine à une cristallisation particulière de quarz, mais à la destruction de roches stratifiées préexistantes. S'ils présentent souvent peu de traces de structure schisteuse, cela vient de ce que les parties d'une roche qui résistent le mieux aux chocs multipliés et à l'action usante du sable qui les réduisent à l'état de cailloux arrondis, sont nécessairement celles qui présentent le moins d'ap-

parence de disposition schisteuse ; c'est ce dont
on peut aisément se convaincre en considérant
les nombreux cailloux quarzeux qui couvrent la
plaine de la Crau (Bouches-du-Rhône) et celle
de la Côte-Saint-André (Isère), et qui proviennent en grande partie de la destruction des roches
talqueuses éminemment schisteuses et des grès
feuilletés des Alpes; et cependant ces cailloux
n'ont pas été roulés, comme ceux des Vosges, au
milieu d'un sable formé aux dix-neuf vingtièmes
de grains anguleux de quarz. Les galets quarzeux,
grisâtres ou rougeâtres du grès des Vosges, étant
le plus souvent un peu grenus, et présentant tous
les passages, depuis le quarz compacte à éclat
gras, jusqu'à un conglomérat quarzeux incontestable, et les galets de quarz noir avec petits filons
blancs présentant tous les caractères du kieselschiefer, on peut regarder comme très-probable
que les cailloux quarzeux du grès des Vosges
proviennent de la destruction de roches de transition, qui contenaient, soit en couches, soit en
rognons, du kieselschiefer, du quarz blanc translucide, souvent laiteux, divisé par de petites
veines micacées, et diverses variétés de quarz
compacte également micacé, passant par nuances
insensibles à un conglomérat quarzeux. On retrouve à-peu-près ces diverses variétés de quarz
compacte et grenu dans les roches quarzeuses de

transition qui se montrent à Sierck, sur les bords de la Moselle, au-dessous du grès bigarré, roches qui, d'après les collections que m'a très-obligeamment montrées M. Seylod, directeur de l'Administration prussienne des mines à Sarrebruck, se reproduisent souvent parmi les couches de transition du Hundsruck, et qui peut-être ont jadis formé le sol du Palatinat, avant que les porphyres, les amygdaloïdes et les conglomérats qui les accompagnent, en occupassent la surface. On voit aussi parmi les roches de transition qui se montrent dans le département de la Haute-Saône, entre Estobon, Champey et Saulnot, un conglomérat quarzeux, dont les fragmens roulés par les eaux pourraient produire des galets fort analogues à ceux du grès des Vosges. Il est remarquable que, dans le même canton, on trouve aussi un porphyre feldspathique quarzifère et des dépôts de fer oligiste, qui pourraient bien avoir de grands rapports, l'un avec la production du conglomérat qui, ainsi que nous le verrons ci-après, forme la partie inférieure du grès des Vosges, et l'autre avec la production de l'oxide rouge de fer qui colore presque toutes les roches de cette formation.

Je ne dois pas omettre de remarquer qu'il n'existe pas une dégradation continue de grosseur et de caractères qui permette de regarder les grains quarzeux du grès des Vosges comme étant la limite extrême des galets qu'il contient. Ces cailloux, essentiellement arrondis, paraissent au contraire former une classe bien distincte de celle des grains quarzeux essentiellement anguleux et d'apparence souvent cristalline, qui forment l'élément principal du grès; et ce que je viens de dire sur l'origine présumée des galets laisse tout-à-fait intacte la question de l'origine des petits grains quarzeux, qu'il serait peut-être très-hasardé de considérer comme provenant de la trituration de roches quarzeuses.

§ 6. Je n'ai jamais vu dans le grès des Vosges le moindre débris d'êtres organisés, soit végétaux, soit animaux, ce qui est peut-être un motif pour penser que ses élémens ont été beaucoup moins long-temps en proie à l'agitation des eaux que ceux du grès bigarré proprement dit, dans lequel on trouve un assez grand nombre de débris d'organisation végétale et animale. Ne pourrait-on pas même en conclure que ses élémens se sont accumulés beaucoup plus rapidement qu'ils n'auraient pu le faire s'ils n'avaient dû leur origine qu'à l'action destructive des agens extérieurs sur les roches préexistantes?

§ 7. La description qu'on vient de lire se rapporte à la masse générale du grand dépôt arénacé des Vosges. Dans la partie inférieure de ce dépôt, on trouve quelquefois des couches qui diffèrent très-sensiblement du reste de la masse, à laquelle elles se lient cependant par une dégradation presque insensible de caractères et par la continuité de la stratification ; elles sont moins solides que les couches moyennes et supérieures ; elles contiennent peu ou point de ces galets de quarz arrondis qui se font si généralement remarquer dans le reste de la formation du grès des Vosges. Leurs élémens sont en général plus grossiers, moins bien agglutinés et plus diversement colorés que dans le reste de la masse ; souvent leur couleur rouge est plus foncée, et souvent aussi elles présentent des parties jaunes ou d'un gris bleuâtre. Certaines couches sont presque marneuses et présentent des strates fissiles et couvertes de paillettes de mica blanchâtre, qui rappellent le grès bigarré proprement dit, et qu'on n'observe pas dans les parties moyennes et supérieures du grès des Vosges ; quelquefois ces couches argileuses présentent un grand nombre de cristaux de feldspath blanc et en décomposition, qui leur donnent un aspect pseudo-porphyrique. Certaines couches des plus inférieures passent à un conglomérat très-grossier et peu cohérent, formé de fragmens de porphyre et de roches anciennes. En général, cette partie inférieure du grès des Vosges a une grande ressemblance avec les cou-

quefois les couches inférieures du grès des Vosges.

ches de grès auxquelles les mineurs allemands ont donné le nom de *rothe-todte-liegende* ; elles rappellent également le conglomérat rouge d'Exeter en Devonshire.

Ces couches particulières, qui paraissent manquer ou se réduire à peu de chose dans beaucoup de localités, se voient très-bien, et dans un grand développement, près de Ronchamps (Haute-Saône), aux environs de Villé (Bas-Rhin), aux environs de Bruyères et de Raon-l'Étape (Vosges), dans le pays de Sarrebruck, etc. Comme nous aurons occasion de revenir plus loin sur quelques-unes de ces localités, nous ne donnerons pas ici de plus amples détails sur les couches qui s'y observent.

Les parties inférieures du grès des Vosges paraissent se lier à des porphyres feldspathiques rouges quarzifères, et à des porphyres noirs très-remarquables, notamment aux environs de Raon-l'Étape, de Villé, de Sainte-Croix, de Saulnot, et probablement aussi dans le Palatinat ; mais je n'ai pu visiter qu'un petit nombre de ces localités, et trop rapidement pour être à même de décrire en ce moment les relations géologiques qui peuvent s'y observer. (Voyez l'ouvrage déjà cité de MM. d'OEynhausen, de Dechen et de la Roche.)

Position
géologique

§ 8. Après avoir cherché à donner une idée du

grand dépôt de grès qui forme la ceinture de la partie méridionale des Vosges et la presque totalité de leur partie septentrionale, je vais tâcher de fixer sa position géologique ou le rang qu'il occupe dans la série des formations ; je m'attacherai sur-tout ici à fixer ses relations par rapport aux formations plus anciennes, réservant, pour les parties de ce mémoire qui seront consacrées au grès bigarré, plusieurs des détails relatifs aux rapports et aux différences qui existent entre ce grès et le grès des Vosges. Je vais commencer par décrire plusieurs localités, dans lesquelles on aperçoit assez clairement les rapports de gisement du grès des Vosges avec le terrain houiller, qui se montre au pied des Vosges dans quelques cantons peu étendus.

A la mine de houille de Ronchamps (Haute-Saône), il existe deux couches de houille $b\,b'$ (Pl. I, *fig.* 2), dont la supérieure, qui est la seule exploitée, a 2 ou 3 mètres d'épaisseur. Ces deux couches sont supportées et séparées l'une de l'autre par un grès composé de débris de diverses roches en fragmens assez fins, agglutinés par un ciment grisâtre peu abondant.

Tout le système plonge vers le Sud-Sud-Est, sous un angle d'environ 10°, c'est-à-dire à-peu-près parallèlement à la pente extérieure des montagnes de transition A, sur la base desquelles il semble s'appuyer. La couche de houille exploitée n'est pas d'une très-bonne qualité ; elle colle médiocrement et contient beaucoup de pyrites disséminées, qui y forment même quelquefois de gros rognons. Elle a pour toit une couche assez solide d'argile schisteuse d'un noir plus ou moins foncé, qui se sépare quelquefois en feuillets épais contournés, à surface luisante, et est alors assez dense, assez dure, et présente une cassure rubanée parallèlement aux surfaces de séparation, tandis qu'ailleurs elle se divise en feuillets plus minces, et présente des empreintes végétales analogues à celles qu'on trouve dans presque toutes les houillères, telles que fougères, équisetum, etc.

Au-dessus du point le plus bas, atteint par les travaux d'exploitation qu'on a conduits en s'enfonçant suivant la pente de la couche, on a ouvert, en 1821, un puits d'extraction, qui a percé, sur une hauteur de près de 100 mètres, toutes les couches qui recouvrent la houille. Au-dessus de l'argile schisteuse noire qui lui sert de toit, on a trouvé une argile solide, peu dure, à cassure unie, très-peu ou point schisteuse, non effervescente, assez pesante, renfermant un grand nombre de petites paillettes de mica blanchâtre. La partie inférieure de la couche, qui a plusieurs mètres d'épaisseur, est d'un bleu verdâtre pâle avec taches amaranthes; la partie supérieure est d'un rouge amaranthe assez foncé avec taches bleuâtres. Cette roche terreuse, qui paraît former la première couche du grès rouge (*rothe-todte-liegende*), se montre au jour en plusieurs points des environs de la houillère, et s'élève isolément à une assez grande hauteur sur la pente des montagnes de transition.

Au-dessus de cette couche, on trouve dans le puits, suivant le rapport des ouvriers, une couche assez épaisse de poudingue, contenant des fragmens aplatis, de grosseur variable, de schiste argileux verdâtre, facile à rayer, et des fragmens de roches feldspathiques, ainsi que des cristaux de feldspath qui semblent provenir de la destruction de roches préexistantes. Le ciment est de couleur amaranthe, et paraît de même nature que la partie supérieure de la couche argileuse précédente. Au-dessus de ce poudingue, le puits traverse une couche d'argile amaranthe, et des couches successives de grès de divers grains et de terre rouge semblables à celles qu'on observe au jour sur les flancs des collines situées entre la houillère et la chapelle de Bourg-les-Monts; des ravins permettent d'y observer la succession des couches sur une grande hauteur. Au pied Nord Est de ces monticules, à peu de distance d'un point où on voit affleurer l'argile schisteuse noire impressionnée, on trouve un grès verdâtre assez friable, qui paraît faire partie du poudingue mentionné plus haut. Il est immédiatement recouvert par une couche d'une argile amaranthe, un peu schisteuse, à surfaces de séparation luisantes, presque terreuse, et non effervescente. Cette couche argileuse présente de petites veines d'un poudingue semblable, par la forme et la nature des fragmens, ainsi que par le ciment qui les unit, à celui qu'on voit dans le bas du puits. La partie supérieure de cette même couche argileuse est d'un rouge plus vif qui approche de celui de l'oxide de fer, et présente des taches d'un bleu pâle; elle est immédiatement recouverte par une couche composée de fragmens anguleux de roches de transition, faiblement agglutinés par un ciment terreux rouge : on y remarque particulièrement des fragmens de schiste argileux et d'un porphyre à pâte de feldspath brun, à cristaux de feldspath blanc, et contenant des grains d'amphibole. Ce conglomérat est recouvert par un grès très-grossier, très-peu cohérent, de couleur variable, qui alterne avec des couches d'une argile d'un rouge ferrugineux très-foncé non effervescente. Une des variétés du grès est composée de petits fragmens de feldspath, de grains amorphes de quarz, de quelques fragmens anguleux de diverses roches, qui le rapprochent du conglomérat précédent, et d'un assez grand nombre de fragmens arrondis de schiste argileux verdâtre, qui lui donnent de l'analogie avec le poudingue qui se trouve à quelques mètres au-dessous. Le ciment, peu abondant, est d'un blanc rougeâtre, avec des taches d'un noir jaunâtre : on voit quelquefois dans ce grès des cristaux de feldspath. L'argile, qui en quelques points prend une teinte violette, empâte quelquefois de petits grains de diverses natures ; ce qui forme un passage au grès. On y trouve assez souvent des cristaux de feldspath blanc en décomposition et des fragmens arrondis, analogues à ceux du poudingue précédent. Ces argiles présentent aussi fréquemment des taches circulaires d'un bleu très-clair. La pente générale de ces couches est à-peu-près parallèle à celle des couches du terrain houiller.

A mesure qu'on s'élève, le grès prend un grain plus fin et devient plus solide. Les fragmens anguleux disparaissent, mais il ne prend pas encore un aspect identique avec celui du grès des Vosges ordinaire ; il conserve quelque chose de plus terreux et de plus grossier. Quelquefois un même morceau contient des veines assez fines et d'autres très-grossières ; celles-ci présentent toujours un mélange de petits fragmens mal arrondis de quarz et de feldspath en décomposition. Dans quelques parties qui forment des taches irrégulières, le ciment devient noirâtre et les grains adhèrent très-faiblement. La couleur noire de ces taches est probablement due à l'oxide de manganèse. Ces taches noires se présentent aussi dans des échantillons à grain très-fin et sont alors très-petites. Ce même grès présente des taches circulaires blanchâtres ou d'un bleu clair; on y trouve des strates chargées de paillettes de mica blanchâtres, parallèles à la stratification, qui les rendent assez fissiles et leur donnent de l'analogie avec les grès des parties supérieures du terrain de grès bigarré; mais c'est un accident rare dans la formation dont nous parlons en ce moment. En comparant les collections faites sur les couches que je viens de décrire avec celles qui ont été rapportées d'Allemagne, il m'a semblé qu'elles ont la plus grande analogie avec le grès rouge proprement dit (*rothe-todte-liegende*), tel qu'il se montre en Thuringe. Elles n'ont pas moins de ressemblance avec le conglomérat rouge des environs d'Exeter, en Angleterre, dont M. Buckland a depuis long-temps fait ressortir les rapports avec le véritable grès rouge des géologues allemands. Les couches que j'ai décrites ci-dessus peuvent encore s'observer très-commodément sur la pente sud-est des mêmes collines, dans la direction de *Ron-*

champs à la *chapelle de Bourg-les-Monts.* Dans
les ravins qui sillonnent cette pente à diverses
hauteurs, j'ai particulièrement remarqué une
grande épaisseur de couches argileuses rouges amaranthes, ou bigarrées de rouge et de
gris bleuâtre. Vers le milieu de la montagne, on
voit ces couches alterner avec diverses couches
de grès rouges peu solides, parmi lesquels j'en
ai remarqué un à grain fin, d'un aspect terreux, présentant une multitude de petites taches noires, dues à de l'oxide de manganèse,
qui le rapprochent de certaines couches qu'on
voit, aux environs de Sarrebruck, reposer presque
immédiatement sur le terrain houiller. J'y ai
aussi trouvé un grès analogue au précédent, et,
comme lui, tacheté de manganèse, qui m'a paru
remarquable, en ce qu'outre de petits fragmens
irréguliers de quarz et de roches feldspathiques
en décomposition, qui sont les élémens essen-
tiels du grès des Vosges, on y trouve des fragmens anguleux et bien distincts de porphyre
feldspathique, d'un rouge violacé, qui le rappro-
che des couches de conglomérat les plus basses
et les mieux caractérisées du grès rouge (*rothe-
todte-liegende*).

La chapelle de Bourg-les-Monts, Pl. I, *fig.* 2, est
bâtie sur un sommet isolé, qui domine tous les
points voisins, et qui est formé de couches

presque horizontales et légèrement inclinées au Sud-Ouest, de grès des Vosges, parfaitement caractérisé, contenant un grand nombre de galets quarzeux, et conforme en tous points à la description générale donnée plus haut. Sur la pente Sud-Est de la montagne, on trouve des carrières et des parties éboulées, où on peut voir et toucher la superposition immédiate de la première couche de grès des Vosges proprement dit, sur la plus élevée des couches alternatives d'argiles rouges et de grès rouges peu solides, qui forment le corps de la montagne.

La stratification du grès des Vosges est parallèle à celles de ces dernières couches qui paraissent se lier avec lui par l'intermédiaire de plusieurs des couches de grès qui s'y trouvent comprises, et dont les plus élevées renferment déjà à-peu-près les mêmes élémens que le grès des Vosges, agglutinés par un ciment plus abondant. Ainsi le grès des Vosges repose incontestablement sur les conglomérats rouges qui paraissent être les équivalens exacts des couches connues en Allemagne sous le nom de grès rouge (*rothe-todte-liegende*), et il semble former la partie supérieure de cette formation.

Le sol de la dépression que laissent entre elles les Vosges et les petites montagnes de transition qui s'étendent, par le Salbert, d'Aujouté vers Es-

tobon et les bois de Saulnot, est presque entièrement formé par les couches alternatives de
grès grossier peu solide, et d'argile rouge, que
je viens de signaler comme représentant proprement le grès rouge. Comme ces couches sont
très-peu cohérentes, le terrain est presque toujours très-raviné, pour peu qu'il s'élève au-dessus
des cours d'eau. Le terrain houiller paraît exister
en plusieurs points au-dessous de ce dépôt. De
nombreux travaux de recherches l'ont atteint
aux environs de *Romagny*, d'*Estufon* et de *Gros-
magny*; mais par-tout il s'est trouvé pauvre en
houille et dans un état de dislocation très-défa-
vorable aux travaux.

L'espèce de bassin dont nous venons de parler se trouve limitée au Sud-Ouest, par une ligne
de montagnes de grès des Vosges, qui s'étend de
la *chapelle de Bourg-les-Monts* au *vieux château
d'Estobon*, et au-delà. L'escarpement de ces montagnes est tourné vers le bassin en question, et
la partie inférieure de leurs pentes présente, sur
une grande épaisseur, des couches marneuses et
des couches friables d'un grain grossier, qui forment la partie inférieure de la formation du grès
des Vosges. Parmi ces couches, on en trouve dont
les fissures de stratification sont fortement chargées de mica. On y remarque aussi de petites
couches ou des veines dont le ciment amaranthe

ou bleuâtre est calcaire, ou du moins fortement effervescent.

En résumé, les environs du village de Ronchamps montrent, dans un grand développement, un grès rouge qui paraît être l'équivalent exact du *rothe-todte-liegende* des Allemands. Ce dépôt recouvre incontestablement le terrain houiller, et est recouvert par le grès des Vosges proprement dit, dont il n'est qu'une modification.

§ 9. Sur la pente orientale des Vosges, près des limites des départemens du Haut et du Bas-Rhin, on voit aux environs de Saint-Hippolyte, de Sainte-Croix et de Villé, différens affleuremens de terrain houiller, bien caractérisés par la présence de petites couches de houille en exploitation et par de nombreuses empreintes de fougères, d'équisetum, etc., qui fournissent de nombreuses occasions de constater les rapports de gisement de ce terrain et du grès des Vosges. Comme à Ronchamps, ce dernier terrain est constamment supérieur au terrain houiller, et ses premières couches présentent un conglomérat très-grossier, formé de débris de porphyre et de diverses autres roches, agglutinés par un ciment rouge ou taché de noir par le manganèse, et des argiles fortement colorées par l'oxide rouge de fer. C'est sur cette base, si analogue au véritable grès rouge des Allemands, que repose encore dans ce canton le grès des Vosges proprement dit.

A Saint-Hippolyte, on exploite une couche de houille dont l'épaisseur n'est que de quelques pouces, et qui passe quelquefois à l'état terreux; elle est tourmentée par un grand nombre de plis, et traversée de failles nombreuses.

Les ouvriers regardent ces failles comme étant le prolongement des filons, remplis en partie de baryte sulfatée et de galène, qui traversent le granite, sur lequel repose ce dépôt houiller. L'ensemble de la couche est peu incliné. En quelques points, elle est divisée en plusieurs parties par des veines d'argile schisteuse ou de grès houiller; elle repose sur un grès, souvent imprégné de matière charbonneuse, assez bien agglutiné, à grain plus ou moins gros, composé de cristaux de feldspath et de grains de quarz, qui semblent provenir de la désagrégation presque immédiate du granite sur lequel il repose, et dont il renferme des fragmens : ce grès rentre, par sa composition, dans la classe des agrégats, auxquels M. Brongniart a donné le nom d'*arkose*, et se rapporte par sa position à la première de ses trois classes d'arkoses. On observe une sorte de passage graduel et insensible du granite à cette roche, et il est réellement impossible de marquer la limite à laquelle finit le granite et commence l'arkose. Ce phénomène, digne d'attention à plusieurs égards, s'observe très-bien dans la galerie d'écoulement de la mine, dont l'entrée est dans le granite, et qui va joindre la couche de houille. Il m'a été indiqué par M. Voltz, ingénieur des mines à Strasbourg, qui l'avait consigné, ainsi que beaucoup d'autres faits géologiques découverts par lui, dans un Itinéraire qu'il avait rédigé dès l'année 1820, pour faciliter les courses géologiques des élèves ingénieurs des mines dans cette partie de la France, et dont j'ai été assez heureux pour pouvoir profiter.

La couche de houille de Saint-Hippolyte a pour toit, comme celle de Ronchamps, une argile schisteuse noire. Suivant le rapport du maître-mineur, on a traversé, il y a quelques années, cette argile schisteuse par des travaux de recherches. La galerie atteignit un grès rouge peu cohérent, d'où il s'écoula une grande quantité d'eau qui remplit de sable et de débris une grande partie de la houillère ; ce qui semble établir que le terrain houiller de Saint-Hippolyte est immédiatement recouvert par un grès incohérent, analogue à celui qui forme une partie des couches qui reposent sur le terrain houiller de Ronchamps, et aux couches friables, qui, en beaucoup de lieux, forment la partie inférieure du grès des Vosges.

Verticalement au-dessus des travaux d'exploitation de la houillère, se trouve un monticule dans lequel on a ouvert deux carrières, qui présentent diverses couches de grès et d'argiles rouges ou amaranthes, tachées de gris bleuâtre, et parsemées de paillettes de mica blanc parallèles à la stratification. Ces caractères se rapportent très bien à ceux que présentent les premières couches solides du grès des Vosges, celles qui succèdent immédiatement aux couches grossières et friables de la partie inférieure. Les couches argileuses micacées montrent que ce système de couches tient encore de près à la partie inférieure, tandis que les couches de grès avec lesquelles elles alternent présentent déjà presque complétement les caractères du grès des Vosges ordinaire, qui, dans les environs, prend un grand développement, et forme plusieurs montagnes assez élevées.

On voit que les circonstances observées à Ronchamps ne sont pas particulières à cette localité. Nous venons de les retrouver sur la pente orientale des Vosges, et nous allons les voir reparaître dans les environs de Sarrebruck, qui, à proprement parler, se trouvent déjà hors du système des Vosges.

§ 10. Le terrain houiller des environs de Sarrebruck se montre au jour sur une étendue assez

Environs de
Sarrebruck.

considérable, et les caractères qu'il présente généralement y sont très-bien développés. Il est composé de couches alternatives et nombreuses de grès,
qui prend quelquefois les caractères d'un poudingue et d'une argile schisteuse, contenant quelquefois des rognons de fer carbonaté et de houille.
Le grès, l'argile schisteuse et les rognons de fer
carbonaté présentent souvent de belles impressions végétales (fougères, équisetum, etc.);
l'argile schisteuse est quelquefois parsemée d'une
très·grande quantité de petites parties pyriteuses,
et est alors exploitée comme schiste alumineux.
Les couches houillères sont immédiatement recouvertes par un grès rouge friable, analogue à
celui qui, en divers autres lieux, notamment
près de Bruyères (département des Vosges),
forme les couches inférieures de la formation du
grès des Vosges. Si, dans les environs de Sarrebruck, on examine avec soin les diverses couches
de cette formation, en s'élevant progressivement
de bas en haut, on voit le sable presque incohérent des parties inférieures passer à un grès
tout pareil à celui qui domine dans le grand
dépôt arénacé des Vosges.

La superposition des couches friables inférieures du grès des Vosges sur le terrain houiller
de Sarrebruck s'observe en plusieurs points avec
la plus grande évidence.

Le hameau de Schönecken, situé sur l'extrème frontière du territoire français, à une lieue Ouest-Nord-Ouest de Sarrebruck, est bâti sur les couches friables inférieures du grès des Vosges. Ces couches se montrent au jour notamment dans le ravm situé au nord de ce hameau, et les petits filons ferrugineux dont elles y sont traversées prouvent que, quoique presque incohérentes, elles sont en place. On les voit aussi très-bien sur le chemin de Schönecken, à la fontaine située sur la frontière même, et on y trouve, en ce dernier point, un banc de poudingue, principalement à noyaux quarzeux. Dans le hameau de Schönecken, on a ouvert un puits pour atteindre les couches de houille, qui, se montrant au jour sur le territoire prussien, plongent de manière à venir passer au-dessous de ce hameau. Les déblais retirés de ce puits paraissent provenir tous du grès rouge, et les nombreux petits filons ferrugineux qu'il renferme attestent qu'il est en place. Les travaux de l'approfondissement de ce puits ayant été suspendus pendant quelque temps, on y a percé un trou de sonde, qui a atteint le terrain houiller et traversé plusieurs petites couches de houille. Il est donc démontré que le grès rouge de Schönecken repose sur le terrain houiller.

Le village de Gersweiler, situé plus à l'Est sur

la rive gauche de la Sarre, est bâti au-dessus d'un massif de houille, qu'on a eu soin de réserver dans les travaux d'exploitation de la mine qui porte ce nom, pour préserver les habitations de tout accident. Dans la partie supérieure du village, une fouille creusée pour la fondation d'une maison a mis à découvert le grès rouge, qui en ce point se trouve évidemment au-dessus du terrain houiller. Plus haut et plus au Sud, un puits d'airage de la mine a traversé le grès rouge friable avant de parvenir au terrain houiller.

Dans le vallon, ou plutôt le grand ravin qui se trouve au midi de Gersweiler, on voit le grès des Vosges, en place et souvent assez solide, presque jusqu'au niveau de la Sarre. Il est probable qu'il a fait corps autrefois avec les couches de grès des Vosges, qui forment des rochers de l'autre côté de la rivière, dans le village de Burbach.

La route de Sarrebruck à Lebach se trouve constamment sur le grès des Vosges, depuis Sarrebruck jusqu'au sommet de la première côte dans la forêt du prince de Nassau, excepté peut-être dans l'endroit où elle traverse des prés, à la hauteur des Tuileries. On voit le grès à chaque instant, et quoiqu'il soit souvent friable, de nombreux petits filons ferrugineux montrent qu'il est en place : il en est ainsi, notamment de celui qu'on observe dans les fossés de la partie de la route qui monte dans les bois ; et à moins de failles ou de contournemens des plus bizarres, cette partie doit se trouver placée sur les tranches des couches houillères.

Un peu au Sud de la Tuilerie, située à gauche de la route, le grès des Vosges se voit en place dans un ravin. A la Tuilerie même, on a ouvert un puits de 77 pieds de profondeur pour avoir de l'eau. Ce puits a d'abord traversé du grès rouge, en partie parsemé de taches noires de manganèse, friable, mais assez solide en masse pour se soutenir sans boisage ; on a trouvé ensuite du sable incohérent, puis de nouveaux bancs de grès rouge, et on est entré à la fin dans les argiles schisteuses et les grès à grain fin, bleuâtres et rougeâtres de la partie supérieure du terrain houiller. De là, au point où la route atteint le sommet de la première côte dans le bois, on ne voit que des indices de grès rouge ; le sol est couvert de fragmens de petits filons ferrugineux.

A droite de la route, dans les prés, on exploite, comme terre à brique, une argile grise analogue au *fire clay* des Anglais, et qui paraît faire partie du terrain houiller. Plus au nord, tout près de là, sur la lisière du bois, on exploite une argile bleuâtre et rougeâtre, qui contient des rognons de fer carbonaté lithoïde. En se dirigeant

de ce point vers l'Est-Nord-Est, on entre complétement dans le terrain houiller de la Russhütte.
En se dirigeant à l'Est, on rencontre un ravin, qui,
prenant naissance vers la briqueterie de droite,
va tomber dans le ruisseau de la Russhütte , et
fait voir une longue série de couches de grès à
grain fin bleuâtre et d'argile schisteuse bleuâtre
et rougeâtre, noire et grise (*fire clay*), qui se diri-
gent de l'Ouest-Nord-Ouest à l'Est-Sud-Est, et plongent de 15 à 20° au Sud-Sud-Ouest. Un peu plus bas
que l'embouchure du ravin, on trouve le grès
houiller et l'argile schisteuse ordinaire avec empreintes, dirigés du N.-O. au S.-E., et plongeant de
20° au Sud-Ouest. Plus bas encore, on retrouve
les argiles schisteuses de diverses couleurs dirigées
de l'Est-Sud-Est à l'Ouest-Nord-Ouest, et environ
cent pas plus loin, un peu au-dessus du ruisseau,
on voit commencer le grès des Vosges. La couche
la plus basse et la plus voisine du terrain houiller
est un grès sans galets, peu dur, rouge, parsemé de petites taches noires dues à de l'oxide de
manganèse. Au-dessus, on trouve un poudingue
contenant des galets assez gros et très-multipliés ;
on passe ensuite peu à peu au grès des Vosges
le plus ordinaire.

Si on traverse les restes du vieux château situé entre la Russhütte et Mohlstadt, et qu'on monte
dans le bois qui le domine, on retrouve les argiles

schisteuses de diverses couleurs, dirigées et inclinées comme ci-dessus.

En avançant sur le coteau à gauche du ruisseau, on ne tarde pas à trouver le grès des Vosges, peu solide, mais en place. Cette portion est
probablement inférieure au poudingue et même
au grès tacheté de l'autre rive.

On voit ainsi, à peu de distance du grès des Vosges, une trop grande épaisseur de couches houillères dont l'inclinaison plonge vers lui, pour
qu'on puisse croire qu'elles se relèvent; on doit
donc en conclure qu'avant d'y arriver, elles plongent au-dessous, à moins qu'il n'y ait une faille;
mais cette dernière idée est détruite par l'observation du puits de la Tuilerie : ainsi, tout le long
de la ligne formée par les points cités plus haut,
le grès des Vosges recouvre le grès houiller, et
il le recouvre à stratification discordante.

A un quart de lieue de Sarrebruck, sur la
route de Duttweiler, on voit à droite plusieurs
carrières de pierres à bâtir et de pierres de taille,
dans un grès des Vosges peu dur, avec peu de
galets. Plus loin, sur la droite de la vallée, on
trouve des rochers de grès des Vosges en couches
très-solides, et plongeant très-sensiblement vers
le sud. On voit ensuite çà et là des rochers
du même grès, jusqu'à un rétrécissement de la
vallée, où commencent à se montrer les couches

houillères, formées de grès houiller à gros grains, de grès houiller à petits grains et d'argile schisteuse de diverses couleurs, dirigées vers le nord magnétique et plongeant à l'Est. Si on monte sur la tranche de ces couches et qu'on traverse la route, on trouve une carrière qui présente, dans la partie la plus voisine des couches houillères, du sable et des galets de diverses natures, et particulièrement de grès houiller à grain fin, faiblement agglutinés et traversés par des petits filons ferrugineux. A une plus grande distance des couches houillères et un peu plus haut, se présente un sable rouge faiblement agglutiné, avec petits filons ferrugineux. Un monticule, en partie planté de pins, et situé un peu plus au Sud, paraît composé jusqu'en haut de grès des Vosges avec petits filons ferrugineux, mais pas assez solide pour former des rochers. Au pied Sud-Ouest de ce monticule, au bord de la route, on voit des rochérs de grès des Vosges solide, dont les couches plongent de 10 à 15 degrés vers le Sud ou le Sud-Sud-Est, et qui recouvrent tout ce qui précède ; leur stratification est en discordance complète avec celle du terrain houiller. En suivant la route de Duttweiler, on voit très-souvent les couches houillères changer de direction et d'inclinaison.

Sur la gauche de la vallée, en face de la forge

et du fourneau situés au-dessous de Duttweiler,
un monticule, qui a pour base les couches diversement colorées du terrain houiller, est environ-
né par le grès des Vosges, qui consiste en un
sable rouge faiblement agglutiné, traversé par de
petits filons ferrugineux en très-grand nombre.
De là, au sommet de la montagne, à une demi-lieue Sud-Est de Duttweiler, on marche sur le
grès des Vosges, le plus souvent très-bien caractérisé, et qui, au sommet, présente de petits
filons ferrugineux.

De là au Kaninchenberg, en passant par
Goffontaine, on marche toujours dans le grès
des Vosges, excepté à l'embranchement de la
route de Bichmisheim, où on traverse une espèce de golfe rempli de grès bigarré, couronné
par le muschelkalk, qui paraît entrer à stratification très - brusquement discontinue dans le
massif de grès des Vosges. Le grès du Kaninchenberg est pénétré de petits filons ferrugineux, et
on rencontre vers le sommet des carrières de pierres de taille. Vers Goffontaine, la route de Franc-
fort est entretenue uniquement avec des fragmens de ces petits filons ferrugineux.

En résumé, depuis Schœnecken jusqu'à Duttweiler, on voit, en un grand nombre de points, le
bord du grès des Vosges reposer plus ou moins
distinctement sur le grès houiller. Les couches

du premier plongent en général sous un angle assez faible vers le Sud-Sud-Est, de manière à être parallèles à la surface extérieure du terrain houiller, mais en stratification discordante avec ses couches.

Entre Sarrebruck et Gersweiller, on voit à la gauche du chemin, sur la rive gauche de la Sarre, un escarpement qui met à découvert des couches alternatives de houille, d'argile schisteuse et de grès houiller, *a*, Pl. I, *fig.* 3. Ces deux dernières roches sont bleuâtres ou rougeâtres. Toutes les couches présentent des ondulations dans divers sens, mais leur plongement général paraît être vers le Nord-Ouest, c'est-à-dire vers Gersweiller. En montant au-dessus de cet escarpement, on trouve en place, en *b*, un grès assez solide, en couches horizontales, ou légèrement inclinées au Sud-Sud-Est, qui repose sur la tranche des couches houillères, *a*, et paraît appartenir à la partie inférieure du grès des Vosges. On y voit en grand nombre les petits filons ferrugineux qui, sur-tout dans cette contrée, forment un des caractères distinctifs de cette formation. La première couche présente un grès à petits grains, sans galets, parsemé de petites taches noires dont la couleur est due à de l'oxide de manganèse. La seconde couche est formée d'un poudingue assez grossier, quelquefois peu solide, dans lequel on reconnaît des galets de *grès houil-ler*. Ces couches paraissent s'enfoncer sous les couches de grès friable, à grain fin, contenant peu de galets, et présentant des veines argileuses rouges et bleuâtres micacées, dont est formé le sol de la petite vallée qui débouche dans la Sarre, au-dessous de Sarrebruck, sur la rive gauche de cette rivière, et dans laquelle se trouvent les étangs du *Deutsch mühl* et du *Sensenwerck*. Dans la partie supérieure de cette vallée, on a fait autrefois, à travers le grès friable dont nous parlons, un sondage qui a pénétré jusqu'à la houille. Ces couches friables s'enfoncent à leur tour sous celles qui constituent les rochers auxquels est adossée la manufacture dite le *Sensenwerck*. Ces rochers, dans lesquels il a existé une carrière de pierres de taille, présentent les variétés de roches et les accidens les plus ordinaires dans le grès des Vosges. On y remarque un grand nombre de ces galets de quarz gris, rougeâtre et blanc, qui se montrent si constamment dans cette formation, et beaucoup de ces petits filons de fer hydraté, qui forment aussi un de ses caractères. Ces couches, qui plongent légèrement au Sud-Sud-Est, forment les premières assises d'une masse assez considérable *C* du même grès, qui forme les parties supérieures des montagnes des environs de Sarrebruck, montagnes qui ne font pas pré-

cisément partie des Vosges, mais qui s'y ratta-
chent immédiatement par une chaîne continue,
composée du même grès, laquelle, se dirigeant de
Sarrebruck vers l'Ouest-Nord-Ouest, se réunit
entre Kaiserslautern et Pyrmasens, à la partie
septentrionale des Vosges, qui est elle-même
composée presque uniquement du grès dont
nous parlons.

§ 11. On voit, par les détails qui précèdent,
que le grand dépôt arénacé rouge, qui sert de
ceinture aux montagnes de transition des Vosges, repose d'une manière incontestable, mais à
stratification discordante, sur le terrain houiller,
et que les couches inférieures de ce dépôt ressemblent d'une manière frappante au grès rouge
proprement dit (*rothe todte liegende*), tandis que
les couches supérieures, auxquelles s'applique
plus spécialement le nom de *grès des Vosges*,
quoique parallèles aux premières, auxquelles elles
se lient par un passage insensible, présentent
des caractères minéralogiques, qui, ainsi qu'on
a pu en juger par la description, et comme on le
fera voir de nouveau dans la suite, les rapprochent beaucoup du grès bigarré (*bunter sandstein*).

D'un autre côté, dans beaucoup de localités
que j'aurai occasion de décrire dans la suite de
ce mémoire, le dépôt de grès qui supporte im-

médiatement le muschelkalk , et qui, sans aucun doute, fait partie du grès bigarré , paraît reposer à stratification discordante sur le grès des Vosges , et semble n'avoir commencé à se déposer qu'après que la surface de ce dernier avait subi des dégradations considérables. D'après cela, le grès des Vosges, qui, par ses caractères minéralogiques, semble former la transition du grès rouge au grès bigarré, paraîtrait se rattacher uniquement au grès rouge par les circonstances de son gisement.

La question serait décidée d'une manière péremptoire si on trouvait en connexion avec le grès des Vosges quelques couches calcaires qu'on pût rapporter avec certitude au *zechstein* de la Thuringe ; mais je n'en ai jamais rencontré dans ces contrées qui occupassent une position intermédiaire entre les calcaires de transition fort anciens de Schirmeck et le muschelkalk. Au reste, si l'absence du zechstein rend la question difficile à résoudre, elle la rend peut-être en même temps à peu-près oiseuse. Le zechstein semble n'être qu'un simple accident dans une grande formation de grès, dont le grès rouge et le grès bigarré forment deux membres, qui peut-être cessent tout-à-fait d'être distincts, dès que la couche accidentelle qui les séparait n'existe plus. Peut-être aussi pourrait-on penser que le grès des Vosges, qui,

par sa position comme par ses caractères, occupe une place intermédiaire entre le grès
rouge et le grès bigarré, est une formation distincte jusqu'à un certain point de l'un et de
l'autre, et parallèle au *zechstein* du nord de l'Allemagne et au *calcaire magnésien* de l'Angleterre.
Ne pourrait-on pas admettre que cette formation
calcaire et le grès des Vosges proprement dit s'ex-
cluent mutuellement ? En effet, non-seulement il
n'existe pas de *zechstein* dans les Vosges , dans la
Forêt-Noire et dans les autres systèmes du midi
de l'Allemagne, où le grès des Vosges se montre;
mais on remarque encore qu'en Angleterre, dans
les parties du *Cheshire*, du *Lancashire* et du *Cum-
berland*, où certaines couches du *new-red-sandstone* présentent des caractères minéralogiques
absolument pareils à ceux du grès des Vosges, le
calcaire magnésien est inconnu; tandis que, dans
les parties du nord et du sud de l'Angleterre, où
le calcaire magnésien existe, aucune des couches
du nouveau grès rouge ne se présente avec les
caractères qui distinguent essentiellement le grès
des Vosges.

D'après l'ensemble de ces considérations, il
me semble que le grès qui domine dans le dépôt
arénacé des Vosges doit être considéré comme
distinct du grès bigarré , et comme étant soit la
partie supérieure du *rothe todte liegende*, soit

l'équivalent géologique du *zechstein* et du *calcaire magnésien*. Nous reviendrons plus d'une
fois sur ces idées dans les parties subséquentes
de ce mémoire, où nous essaierons de décrire
les caractères et le gisement du grès bigarré proprement dit.

II. FORMATIONS DU GRÈS BIGARRÉ, DU MUSCHEL-KALK ET DES MARNES IRISÉES.

§ 12. Depuis le pied des montagnes des Vosges, jusqu'à l'escarpement des plateaux de calcaires à gryphites (*lias*), qui s'étendent de *Luxembourg* à *Bourbonne-les-Bains* et de *Bourbonne-les-Bains* à *Saulnot* et à *Beffort*, règne un terrain ondulé qui présente des bandes successives de grès *bigarré*, de *muschelkalk* et de *marnes irisées*.

Disposition générale du grès bigarré, du muschel-kalk et des marnes irisées.

Les mêmes formations bordent le pied Est des Vosges, de *Gebweiller* à *Landau* et au-delà, et se perdent aussi sous les calcaires jurassiques, qui, eux-mêmes, disparaissent sous les dépôts tertiaires et les alluvions de la vallée du Rhin.

Afin de séparer le moins possible ce que la na-
ture a intimement lié, nous joindrons toujours à la description de chacune des portions de la bande de muschelkalk qui entoure les Vosges celle de la portion du grès bigarré sur lequel elle repose et de la portion des marnes irisées qui la recouvre. Nous diviserons ainsi par la

pensée l'espace occupé par ces trois formations en un certain nombre de cantons, à chacun desquels nous consacrerons un ou plusieurs des paragraphes subséquens. Nous commencerons par le canton qui, vers l'angle S.-O. des Vosges, comprend les environs de *Plombières*, de *Bourbonne-les-Bains* et de *la Marche*, canton dans lequel l'ordre de superposition du grès bigarré, du muschelkalk et des marnes irisées s'observe avec autant de facilité que d'évidence, et dans lequel en même temps les différences qui distinguent le grès bigarré du grès des Vosges m'ont paru assez marquées.

(Environs de Plombières, de Bourbonne-les-Bains et de la Marche.)

Position dans laquelle se trouve le grès bigarré aux environs de Plombières et de Bourbonne-les-Bains.

§ 13. Une ligne courbe, qui, traversant le canton qui vient d'être indiqué, passe par *Provenchères*, *Serecourt*, *Regnevelle*, *Passavant - en - Vosges*, etc., se trouve bordée au S.-O., du côté de sa convexité, par une suite de collines assez escarpées, d'une hauteur à-peu-près uniforme, formant la tranche d'un plateau calcaire presque entièrement horizontal, qui paraît appartenir à la formation du *muschelkalk* des géologues allemands. A partir des extrémités de la même ligne, cette série de collines court, au N.-E., vers Épinal, et à l'E.-S.-E. vers Luxeuil, de manière que le plateau dont elles constituent la tranche forme une ceinture autour de l'angle S.-O. des Vosges, dont il est séparé par un espace plus bas et également assez uni.

Le sol de cette plaine basse, qui sépare le plateau calcaire du pied des Vosges, se relève légèrement vers ces montagnes. Il est formé par des couches de grès qu'on voit sortir de dessous les collines calcaires qui forment la tranche du plateau, et qui, d'après son gisement, aussi bien que d'après ses caractères minéralogiques, et d'après ceux tirés des débris organiques qu'il contient, paraît se rapporter au *grès bigarré* (*bunter-sandstein*, *new-red-sandstone*).

La vallée dans laquelle est située l'aciérie de la Hutte (à une lieue E.-S.-E de Darney, Vosges) montre, en quelques points de son fond, le terrain granitique; mais elle est creusée presque en entier dans le grès bigarré, qui paraît recouvrir immédiatement les roches de transition. Les couches inférieures sont très-épaisses et presque sans fissures, d'un grain fin, d'un gris rougeâtre. On y voit des noyaux aplatis d'argile bleuâtre, dont le grand axe a souvent plusieurs décimètres, et est toujours horizontal. Certains blocs renferment des galets de quarz, qui ressemblent à ceux du grès des Vosges et qui paraissent en provenir; mais ils renferment en même temps beaucoup

d'empreintes végétales, ce qui concourt à les dis
tinguer de ce grès.

Entre la Hutte et Darney, on ne voit encor
que le grès bigarré : ce sont les couches moyenne
qui dominent ; elles sont à grain fin, légèremen
schisteuses, bleues, jaunes ou d'un rouge ama
ranthe; la même formation constitue le terrai
entre Darney et Provenchères. Aux environs d
ce dernier village, on rencontre les couches su
périeures de ce même grès, qui sont très-mi
cacées, très-fissiles et à feuillets souvent contou
nés : elles sont peu consistantes et les eaux le
ravinent aisément. Le grès bigarré constitue ég
lement différens points des environs de *Serecour*
où on a fait inutilement des recherches de houill
En allant de la Hutte à Bains, on ne trouve pas d'at
tres roches que le grès bigarré, qui constitue aus
la surface du sol des environs de ce dernier villag

Entre Bains et Fontenois, on voit les couch
fissiles et micacées de la partie supérieure d
grès bigarré devenir tout-à-fait terreuses et se
vir d'argile pour faire des briques. A *Fontenoi*
la vallée de Coney est creusée dans les couches i
férieures, épaisses et homogènes du même grès.
est d'un gris jaunâtre ou rougeâtre : on en observ
sur les deux flancs de la vallée, des assises d'ur
grande épaisseur, sans fissures, sans galets, pr
que sans aucun accident.

La même formation constitue les plateaux aux environs des Forges de Pont-du-Bois et de Frelan. Entre ces deux points, sur la rive droite du Coney et presque au niveau de cette rivière, on a ouvert une carrière, dans laquelle on exploite comme pierre de taille, et pour faire des meules à aiguiser, les couches inférieures du grès bigarré; elles sont très-puissantes, à grain fin, non effervescentes, et renferment de petits noyaux d'argile blanche et des paillettes de mica, qui, n'étant pas disposées parallèlement les unes aux autres, ne donnent point à la masse un tissu schisteux. On y voit des empreintes végétales, dont plusieurs présentent un vide assez large rempli d'une matière terreuse d'un brun un peu jaunâtre. Les environs de l'Étang de Tremeurs appartiennent aussi au grès bigarré. On y observe les couches épaisses et peu schisteuses qui constituent la partie inférieure de la formation; elles sont le plus souvent d'un gris jaunâtre.

A Liaumont, on exploite les couches supérieures fissiles du grès bigarré, pour en faire des dalles, qui, suivant leur épaisseur, servent à paver ou à couvrir les maisons.

Le plateau qui sépare la vallée de Plombières de celle d'Aillevillers, et sur lequel est bâti le village de Ruaux, est formé d'un grès analogue. Près de Ruaux, ce grès est exploité pour divers usages ; les couches inférieures de la carrière sont d'un grain assez fin et assez homogène, et d'un aspect un peu terreux ; elles renferment des paillettes de mica disséminées irrégulièrement, et n'ont pas une disposition schisteuse très-marquée : on s'en sert pour pierres de taille, pour faire des meules à aiguiser, etc. ; elles présentent diverses nuances de rouge, de bleu, de jaune. Les couches supérieures présentent à-peu-près le même grain et la même consistance; mais elles renferment beaucoup de paillettes de mica blanchâtres, qui, disposées parallèlement à la stratification, les rendent très-fissiles; elles sont minces, à-peu-près horizontales, et alternativement d'un rouge amaranthe foncé et d'un gris jaunâtre ou bleuâtre. Les premières sont souvent tachées de bleu pâle et les autres de rouge ; elles sont débitées en dalles, qui, suivant leur épaisseur, servent à paver l'intérieur des maisons ou à les couvrir.

Le plateau qui sépare la vallée de *Plombières* de celle de *Val-d'Ajol,* est également formé, à sa surface, par le grès bigarré, qui est blanchâtre, d'un grain assez fin, d'un aspect un peu terreux, chargé de mica et un peu schisteux dans les parties supérieures. On y a ouvert des carrières, où on l'exploite comme pierre à bâtir, ou pour former de grandes dalles qui servent à clore les champs; ce grès s'étend vers le Nord jusque près des bois de *Remiremont.*

La vallée de la Saône, aux environs de *Châtillon-sur-Saône* et de *Jonvelle*, est creusée en partie dans le grès bigarré, et il en est de même des vallons qui y affluent dans cet intervalle; il faut toutefois excepter l'emplacement même du village de Châtillon-sur-Saône, qui présente dans toute sa partie basse du gneiss et autres roches schisteuses anciennes; ces roches sont immédiatement recouvertes par le grès bigarré.

La partie inférieure de cette formation est composée, à Châtillon-sur-Saône et aux environs, de bancs d'un grès tantôt rougeâtre et tantôt blanchâtre, à grain fin, parsemé de paillettes de mica, qu'on exploite comme pierre de taille. Quelques couches, qui sont presque constamment jaunâtres, contiennent des empreintes végétales, qui, d'après l'examen que M. Adolphe Brongniart a eu la complaisance d'en faire, paraissent toutes se rapporter à des espèces de prêles gigantesques (*equisetum*). Les couches supérieures de la formation sont ici, comme en général, très-schisteuses et très-micacées.

Le grès bigarré présente, dans ce canton, un accident assez remarquable. Près du village de *Bousserancourt*, entre *Châtillon-sur-Saône* et *Jonvelle*, on voit, dans les petits escarpemens qui bordent la rive gauche de la Saône, une couche de plusieurs mètres d'épaisseur, de grès très-dur et presque compacte, qui paraît se retrouver près de Fresne-sur-Apance, village situé à deux lieues de là, dans la direction de Bourbonne-les-Bains, à l'endroit où M. Roussel-Galle, ingénieur au Corps royal des mines, a ouvert un sondage pour la recherche de la houille.

Résumé des caractères du grès bigarré dans la contrée de Plombières et de Bourbonne-les-Bains.

§ 14. On voit par les descriptions précédentes, qui se rapportent à plusieurs localités embrassant une contrée assez étendue, que la formation dont il est question est aussi constante dans le nombre et la position relative de ses couches, que dans leur composition minéralogique. La partie inférieure présente de grosses couches homogènes et sans fissures, d'un grain assez fin, et d'une texture assez solide; tandis que la partie supérieure en présente de très-minces, très-chargées de mica, très-fissiles, et dont les nuances sont aussi variées que tranchées. Ce grès rappelle, par tous ses caractères minéralogiques, le *grès bigarré* (*bunter sandstein* des Allemands, *new-red-sandstone* des Anglais).

Distinction du grès des Vosges et du grès bigarré.

Dans l'espace que nous venons de parcourir, ce grès paraît reposer sur un fond inégal, formé, en partie, par un terrain de gneiss, de granite porphyroïde et de syénite, qui se montre dans les vallées de *Châtillon-sur-Saône*, de la *Hutte*, de *Fontenois*, de *Plombières*, etc., et, en partie, par le grès des Vosges, qu'on voit paraître en différens points, au-dessous du grès bigarré, particulièrement sur les pentes rapides que présentent les bords de plusieurs plateaux.

En montant, soit de la vallée de *Val-d'Ajol*, soit de celle de *Plombières*, vers le plateau qui les sépare, on voit, entre le terrain de gneiss, de granite et de syénite, et le grès bigarré proprement dit, des couches bien caractérisées de grès des Vosges, qu'on reconnaît immédiatement, à leur aspect moins terreux que celui du grès bigarré, à leur grain plus gros et plus cristallin, et aux gros et nombreux galets de quartz gris rougeâtre, blanc et noir, qui s'y trouvent empâtés, et qu'on ne voit jamais en aussi grande abondance, ni aussi gros, dans le grès bigarré proprement dit.

Le plateau qui sépare la vallée de Plombières de celle d'Aillevillers, et celui qui se trouve entre cette dernière et Bains, présentent la même structure ; c'est-à-dire que les roches de transition y sont immédiatement recouvertes par une assise de grès des Vosges, que recouvre à son tour une assise de grès bigarré. Si, par exemple, on descend de ce plateau vers le village de la Chapelle, on trouve une pente assez escarpée, couverte de blocs à peine détachés, et de débris épars de grès des Vosges, qu'on reconnaît à l'abondance et au volume des galets de quarz rougeâtre, blanc et noir qui s'y trouvent. Le grès des Vosges se montre encore sous le grès bigarré, en quelques autres points des environs de Bains, et je soupçonne que le plateau qui s'élève au Nord de Passavant-en-Vosges, et à l'Ouest-Sud-Ouest de Fontenois, a pour base des couches de cette formation.

Si le grès bigarré situé sur des plateaux de grès des Vosges, et celui qui forme des plaines plus basses, se trouvaient exactement dans la position dans laquelle ils ont été déposés, il serait évident que la formation du grès bigarré serait déposée sur celle du grès des Vosges à stratification discontinue quoique parallèle, et que par cela seul elle en serait tout-à-fait distincte. Mais il est bon de remarquer que les vallées de Val-d'Ajol, de Plombières, d'Aillevillers, ressemblent à de longues crevasses, et qu'une partie des apparences que nous venons de rappeler pourrait être due à des failles. La distinction la plus solide entre le grès des Vosges et le grès bigarré consiste peut-être dans les débris organiques, très-fréquens dans le dernier, et dont je n'ai jamais aperçu de trace dans l'autre. Les feuillets micacés paraissent aussi un caractère tout-à-fait particulier au grès bigarré, qui se distingue encore du grès des Vosges par sa position géographique, en ce qu'il se rencontre toujours en avant des montagnes que constitue le grès des Vosges.

§ 15. J'ai déjà indiqué précédemment (§ 13) l'existence d'un plateau calcaire, qui, disposé circulairement autour de l'extrémité Sud-Ouest des Vosges, leur présente son escarpement. Ce plateau est formé de couches presque horizontales d'un calcaire qui, d'après sa position et d'après ses caractères minéralogiques et zoologiques, paraît se rapporter au *muschelkalk* des Allemands. Il repose immédiatement, et à stratification concordante, sur le grès bigarré. La superposition s'observe aisément sur le penchant de plusieurs collines, ravinées par les eaux, près de *Provenchères*, de *Serecourt*, de *Fresne-sur-Apance*, etc. Les couches supérieures du grès bigarré étant marneuses, et les couches inférieures du muschelkalk étant un peu sableuses et schistoïdes, les deux formations semblent passer l'une à l'autre près de leur point de contact.

Le calcaire dont il s'agit est en général gris de fumée, compacte, à cassure conchoïde. Certains blocs sont d'un gris jaunâtre près de la surface et d'un gris bleuâtre dans l'intérieur, et présentent quelquefois un grand nombre de petites taches vertes : on voit aussi dans les couches supérieures un calcaire d'un gris jaunâtre, à cassure terreuse, analogue à celle d'un grès à grain très-fin, et un peu schisteuse. Les assises les plus élevées de la formation sont formées par des marnes un peu feuilletées, grises ou d'un gris passant au jaune, au vert ou au noir, qui renferment quelques couches plus solides analogues aux précédentes ; elles se lient intimement et par des passages insensibles aux marnes irisées qui les recouvrent. Dans les marnes schisteuses dont nous parlons, on trouve des boules de calcaire gris compacte, à cassure conchoïde, qui, devenant quelquefois presque contiguës, présentent sur les parties exposées à l'air des surfaces mamelonnées. En beaucoup de points, ces marnes sont traversées dans tous les sens par un grand nombre de petits filons spathiques, dont la réunion produit, par l'effet de l'action de l'atmosphère, des blocs de calcaire celluleux, si ordinaires en bien d'autres lieux dans la partie supérieure du muschelkalk. Dans ces mêmes couches, on trouve aussi des veines d'un grès non effervescent, grisâtre, à grain très-fin, un peu micacé ; on voit en outre entre leurs feuillets des veinules de silex, ou d'un grès quarzo-ferrugineux à grain très-fin, ayant quelques millimètres seulement d'épaisseur, dont on remarque souvent de nombreux fragmens sur la surface du sol du plateau. Il paraît que les eaux ont emporté la marne et laissé toutes les petites masses plates ferrugineuses qu'elle contenait, et qui ont été en même temps divisées en petits fragmens. Les variétés qui ressemblent à un grès ferrugineux sont souvent arrondies et accompagnées d'une terre jaune.

Le calcaire dont nous nous occupons présente très-souvent des débris d'êtres organisés : les plus abondans dans le canton dont nous parlons, ou du moins ceux qui s'y montrent le plus souvent d'une manière distincte, sont l'*encrinites lilifor-mis* et la *terebratula subrotunda* (schlotheim)? Quelques couches, formées d'un calcaire compacte gris de fumée, renferment un très-grand nombre d'entroques cylindriques, dont le contour circulaire est très-net et la cassure très-miroitante. Certaines couches, présentant une couleur d'un gris de fumée clair, parsemé de petites veinules jaunes, ou bien nuancé de bleu, renferment un grand nombre de fragmens de bivalves, qui en font une véritable lumachelle. Ces fragmens, peu distincts en général, m'ont paru se rapporter tantôt à la *terebratula subrotunda* (schloth.), tantôt à l'*ostracites pleuronectilites* (schloth.).

Je n'ai pas rapporté de ce canton un grand nombre de fossiles; mais ceux que j'ai recueillis et que je viens de citer s'accordent avec les caractères minéralogiques et avec le gisement du calcaire, pour empêcher de le rapporter à aucune autre formation qu'au *muschelkalk* des Allemands. En décrivant, dans d'autres cantons, des couches calcaires qui sont évidemment le prolongement de celles qui nous occupent en ce moment, j'aurai occasion de donner une liste de fossiles de cette formation, beaucoup plus étendue.

Anomalies que présentent les caractères et la composition du muschelkalk aux environs de Bourbonne-les-Bains.

§ 16. J'ai déjà dit que dans les environs de Bourbonne-les-Bains, comme dans toutes les contrées décrites jusqu'ici, le muschelkalk repose sur le grès bigarré à stratification concordante. On y trouve cependant des points où cette règle paraît subir des exceptions. Entre Jonvelle et Amenvelle, j'ai trouvé un endroit où le contact des deux formations s'opère de la manière indiquée Pl. II, *fig.* 1re. On pourrait croire, en voyant cette configuration, que le muschelkalk a été déposé dans une dépression creusée dans le grès bigarré; mais il me paraît plus probable que cette apparence n'est que l'effet d'une faille un peu oblique.

Les couches que, dans ce point, je rapporte à la formation du muschelkalk sont formées d'une roche grisâtre, qui présente les caractères extérieurs de la dolomie, et qui, d'après un essai auquel je l'ai soumise dans le laboratoire de l'École des Mines, m'a paru composée de la manière suivante :

carbonate de chaux 0,479, carbonate de magnésie 0,537, résidu insoluble 0,017, total 1,033 ; ce
qui donne 100 : 152 pour le rapport de la quantité d'oxigène contenue dans la chaux à celle contenue dans la magnésie. On voit qu'il y a ici beaucoup plus de magnésie que n'en comporte la composition théorique de la dolomie, dans laquelle le
rapport des quantités d'oxigène contenues dans
la chaux et la magnésie est 100 : 100 ; mais il y a
tout lieu de penser que cette différence est due à
l'imperfection du procédé rapide que j'ai employé.

On est étonné de trouver dans cette dolomie
un grand nombre d'entroques appartenant à l'espèce *encrinites monileformis* (miller), *encrinites
liliformis* (schlotheim).

A Bourbonne-les-Bains, le muschelkalk ne m'a
offert aucun fossile ; mais il m'a présenté des caractères fort remarquables qui méritent d'être
indiqués en détail. La roche qui compose ici cette
formation est d'un gris passant quelquefois au
gris jaunâtre et au gris bleuâtre, à-peu-près compacte, mais parsemée de petites parties cristallines qui la rendent légèrement subsaccharoïde ;
sa cassure est plus ou moins esquilleuse ; elle se
dissout à peu près complétement dans l'acide ni-
trique avec une effervescence lente qui indique
qu'elle ne se compose pas uniquement de carbonate de chaux. Certaines parties un peu schisteu
ses présentent sur les surfaces de stratification

quelques paillettes de mica ; d'autres empâtent des cristaux transparens de carbonate de chaux, qui lui donnent une structure porphyrique ; d'autres enfin sont parsemées d'une quantité de vacuoles en partie remplies d'une matière terreuse blanchâtre, que je crois très-magnésienne. Les parties qui offrent ce dernier genre d'accident présentent souvent une division prismatique très-nette dans un sens perpendiculaire aux plans de séparation des couches.

Dès le premier voyage que je fis dans cette contrée, en 1821, avec M. Auguste Duhamel, ingénieur des mines, j'avais été surpris de ne trouver dans cette roche aucun débris d'êtres organisés : ma surprise n'a diminué que dernièrement, lorsqu'en la soumettant à quelques essais dans le laboratoire de l'Ecole des Mines, j'ai reconnu qu'elle renferme une forte proportion de magnésie qui égale, si elle ne la surpasse pas, celle qui entre dans la composition de la dolomie dont elle ne présente pas d'ailleurs complétement les caractères minéralogiques si bien établis dans les Mémoires de M. Léopold de Buch.

Il n'est peut-être pas inutile de remarquer que c'est de dessous le plateau où le muschelkalk se montre chargé de magnésie et dépourvu de débris organiques, que sortent les sources chaudes auxquelles Bourbonne-les-Bains doit son nom.

A Suxy (route de Langres à Dijon), à environ 10

lieues S. E. de Bourbonne, j'ai trouvé une dolomie très-bien caractérisée et très-remarquable par son gisement. Elle y est enchâssée dans les couches du 1er étage du calcaire oolithique, qui, en ce point, se trouvent, contre l'ordinaire, assez fortement inclinées. Une ligne droite, tirée des rochers de dolomie de Suxy aux sources chaudes de Bourbonne-les-Bains, étant prolongée vers le N. E., passerait à-peu-près par la côte d'Essey au sud de Lunéville, qui est couronné, ainsi que je le dirai plus loin, par un petit lambeau basaltique. Cette même ligne droite, prolongée au S. E., passerait, à très-peu de chose près, par les îlots granitiques de Malain, Mémont et Remilly (1), près de Sombernon, et, poursuivie plus loin encore, elle irait rencontrer les buttes porphyriques qui s'élèvent au milieu du terrain houiller, au N. O. d'Autun. Cette ligne droite, qui, sur une longueur de 5o lieues, est ainsi marquée par différens accidens géologiques, est à très-peu près parallèle à la ligne de faîte de la Côte-d'Or, dont elle est très-peu éloignée. A la Hutte, près Darney, à Châtillon-sur-Saône et à Bussières-les-Belmont, on voit les roches primitives paraître dans le fond des vallées : ces trois points sont sur une même ligne droite, sensiblement parallèle à la précé-

Accidens dans la structure du sol auxquels se rattache cet accident de composition.

____

(1) V. la *Notice sur quelques parties de la Bourgogne;* par M. de Bonnard, *Ann. des Mines,* t. X , pag. 427.

dente, dont elle n'est éloignée que d'une lieue. Les dérangemens que présentent les couches du 1er étage du calcaire oolithique à Suxy, et ceux qui s'observent à l'autre extrémité de la Côte-d'Or, autour des îlots granitiques de Malain, Mèmont et Remilly, font partie du grand et brusque changement d'inclinaison par suite duquel les couches du 1er étage du calcaire oolithique, qui forment les sommités de la Côte-d'Or, viennent s'enfoncer au-dessous des alluvions qui forment la plaine entre Dijon et la Saône, pour ne se relever qu'au-delà de cette rivière, à l'approche du groupe de roches primitives et de roches secondaires antérieures au calcaire oolithique qui forme le sol de la forèt de la Serre, groupe dont le grand axe est parallèle à la ligne qui passe par la côte d'Essey, Bourbonne-les-Bains, Suxy, Malain, Mêmont, Remilly et les buttes porphyriques du bassin houiller d'Autun.

Position des marnes irisées aux environs de la Marche et de Bourbonne-les-Bains.

§ 17. La petite ville de *la Marche* est bâtie sur la surface du plateau de muschelkalk dont nous venons de nous occuper. Le village d'*Ich* et la ville de *Bourbonne-les-Bains* sont bâtis dans des vallées qui y sont creusées. Ce canton semble être une des localités de la France les plus propres à être recommandées pour l'étude des terrains secondaires moyens, à cause des facilités que présente pour cette étude le plateau de muschelkalk, qui, d'une part, est découpé par de nombreux ravins terminés à la plaine basse, ou aux vallées qui mettent à découvert le grès bigarré, et qui, de l'autre, supporte de nombreuses collines de *marnes irisées* avec *amas de gypse*, couronnées par le grès inférieur du lias.

Pour tâcher de bien faire connaître la composition et le gisement de la formation des marnes irisées, formation reconnue et décrite pour la première fois par M. l'ingénieur des mines Charbaut, (*Ann. des Mines*, t. IV, p. 617), je vais rapporter en détail les observations que j'ai faites sur les flancs de plusieurs des collines que je viens d'indiquer.

Si, en partant du village de *Serecourt*, situé à 2 lieues N.-N.-E. de Bourbonne-les-Bains, sur le bord de la plaine basse, dont le sol est de grès bigarré, on monte la côte *m*, *fig.* 2, Pl. II, formée par la tranche du muschelkalk, on arrive sur le plateau que constitue cette formation; on peut cheminer en plaine sur ce plateau jusqu'à la Marche, en passant à côté de trois collines isolées qui font l'effet de trois dômes posés l'un à la suite de l'autre sur cette plaine élevée : ce sont le *Mont-Heuillon*, le *Mont-de-la-Justice* et le *Mont-Saint-Étienne*. Ces trois collines sont formées en grande partie par les marnes irisées : les deux dernières seulement portent à leur sommet un couronnement de grès quarzeux, qui forme la première couche du terrain de *lias*.

§ 18. Si l'on aborde le Mont-Heuillon par le côté de l'Est ou du Sud, on marche, jusqu'au pied de ses pentes, sur un sol déchiré par divers ravins, sur les flancs desquels on voit des marnes feuilletées, d'un gris jaunâtre, verdâtre ou noirâtre, qui forment la partie supérieure du muschelkalk ou la partie inférieure des marnes irisées ; car elles se lient également aux deux formations ; elles sont en couches à-peu-près horizontales. En montant la colline, on voit plus haut, et évidemment posées sur les précédentes, des couches à-peu-près horizontales, mais un peu contournées, de marnes très-argileuses, souvent à peine effervescentes, qui se séparent, à l'air, en petits fragmens anguleux, dont les trois dimensions sont à-peu-près égales ; elles sont d'un gris bleuâtre ou d'un rouge lie de vin ; elles font déjà partie des marnes irisées proprement dites. Dans ces marnes, on trouve par amas des rognons de gypse blanc, gris ou rose, compacte ou saccharoïde, et de petits filons de gypse blanc fibreux. Elles sont recouvertes par un calcaire magnésifère, compacte, grisâtre, à cassure esquilleuse, qui forme une couche de peu d'épaisseur sur le sommet de la colline.

Entre le Mont-Heuillon et le Mont-de-la-Justice, de même qu'entre le Mont-de-la-Justice et le Mont-Saint-Étienne, le terrain est formé par des marnes feuilletées, d'un gris jaunâtre ou verdâtre, qui semblent lier le muschelkalk aux marnes irisées; elles sont fortement ravinées, ce qui permet de les bien voir. Aussitôt qu'on s'élève un peu, en approchant de l'une ou de l'autre de ces montagnes, on y voit paraître des veines rouges, qui forment un passage aux marnes irisées situées un peu plus haut, et lèvent toute espèce de doute relativement à la superposition des marnes irisées sur le muschelkalk et à la liaison intime de ces deux formations. Ces marnes schisteuses contiennent, comme je l'ai déjà indiqué plus haut, un grand nombre de petites plaques silicéo-ferrugineuses, qui, lorsque les marnes sont emportées par les eaux, restent à la surface du sol, qui s'en trouve jonché.

§ 19. En montant à la Montagne-de-la-Justice, du côté de l'Ouest, on voit les marnes schisteuses verdâtres et rouges, dont il vient d'être question, passer à des marnes, tantôt gris bleuâtre et tantôt d'un rouge lie de vin, à cassure conchoïde et se divisant, à l'air, en petits fragmens, dont les trois dimensions sont sensiblement égales. Vers le point où se fait le passage, on voit de petites carrières ouvertes sur des amas, *g*, d'un gypse blanc, rougeâtre ou gris, tantôt compacte ou

Marnes irisées du Mont-de-la-Justice près la Marche.

subsaccharoïde, tantôt fibreux. Ce gypse est accompagné de petites couches de marnes noires très-schisteuses. Un peu plus haut, on voit des carrières ouvertes sur une couche, *c*, de 2 à 3 mètres de puissance, d'un calcaire compacte, esquilleux, jaunâtre, sans fossiles, très-magnésifère, que j'ai retrouvé en différens lieux vers le milieu de l'épaisseur des marnes irisées, conservant partout des caractères minéralogiques presque complétement identiques, une composition chimique analogue et même une épaisseur presque constante, et formant ainsi une sorte d'horizon géognostique très-commode pour l'étude des détails de cette formation : on n'y trouve presque jamais de débris organiques. J'ai soumis à une analyse rapide, dans le laboratoire de l'École des Mines, des échantillons de cette couche de calcaire compacte, esquilleux, jaunâtre, pris en différens points assez éloignés les uns des autres, et dont un grand nombre sont situés hors de la contrée dont je m'occupe en ce moment. Quoique les résultats que j'ai obtenus ne puissent être considérés que comme de simples approximations, je crois qu'il ne sera pas inutile d'en présenter ici le tableau.

Couche de calcaire magnésifère qui se trouve constamment vers le milieu de l'épaisseur des marnes irisées.

	(1)	(2)	(3)	(4)	(5)	(6)	(7)	(8)	(9)	(10)	(11)	(12)	(13)	(14)
Carbonate de chaux....	0,452	0,399	0,505	0,458	0,479	0,479	0,408	0,426	0,497	0,337	0,482	0,390	0,496	0,458
Carbonate de magnésie.	0,506	0,496	0,478	0,459	0,485	0,516	0,558	0,527	0,444	0,413	0,434	0,527	0,475	0,444
Résidu insoluble...	0,050	0,100	0,060	0,095	0,055	0,055	0,090	0,065	0,060	0,260	0,128	0,100	0,055	0,085
Total....	1,008	0,995	1,043	1,012	1,019	1,050	1,056	1,018	1,001	1,010	1,044	1,017	1,026	0,987
Rapport de l'oxigène de la chaux à celui de la magnésie..............	100/132	100/147	100/115	100/119	100/120	100/127	100/161	100/146	100/106	100/145	100/107	100/160	100/113	100/116

Chacun des calcaires magnésifères dont on a

donné l'analyse dans le tableau précédent forme, comme on l'a dit, une couche au milieu des marnes irisées, dans les différentes contrées.

Le n°. (1) provient du *Mont-de-la-Justice* près la Marche, cité ci-dessus.

Le n°. (2), de la colline au S.-O. de Bourbonne-les-Bains.

Le n°. (3) provient du terrain dans lequel est ouverte l'exploitation de combustible fossile de Noroy.

Le n°. (4), de *Saint-Léger-sur-Dheune* (département de Saône-et-Loire). M. Levallois le désigne sous le nom de calcaire marneux , dans sa *Notice géologique sur les environs de Saint-Léger*, insérée dans les *Annales des Mines* , t. VII, p. 403.

Le n°. (5), d'une colline au N.-O. de Charmes, département des Vosges.

Le n°. (6) a été recueilli sur la côte d'Essey (département de la Meurthe).

Le n°. (7), près le village de la Rochette, sur la route de Vic à Lunéville (département de la Meurthe).

Le n°. (8), au Sud de Vic, sur la route d'Iuvrecourt.

Le n°. (9) a été extrait près de l'orifice du puits de la mine de sel gemme de Vic (département de la Meurthe).

Le n°.(10) provient d'Helmsingen, près Luxembourg.

Le n°.(11), de Vaufrey (département du Doubs).

Le n°.(12), de Beurre, près Besançon (Doubs).

Le n°. (13), des environs de Salins (département du Jura).

Le n°. (14) a été recueilli au N.-O. de Lons-le-Saulnier (Jura), sur le chemin qui conduit à Piémont, c'est le calcaire caverneux de M. Charbaut.

Il paraîtrait résulter du tableau précédent que les calcaires essayés renferment tous une quantité de magnésie plus grande que celle qui correspond à la composition théorique de la dolomie, dans laquelle les quantités d'oxigène contenues dans la chaux et la magnésie sont égales; mais le procédé rapide qui a été suivi pour ces essais rend cette conclusion peu probable : elle l'est d'autant moins que la proportion de magnésie obtenue est très-variable, tandis que les caractères minéralogiques des substances essayées sont sensiblement constans; mais on peut toujours assurer que les calcaires dont il s'agit sont tous fortement magnésifères, quoique leur aspect soit fort différent de celui de la dolomie.

La position de la couche de calcaire magnésifère, qui m'a conduit à cette digression, se voit sur la pente du Mont-de-la-Justice, de la manière

la plus claire ; elle forme un petit plateau, qui
règne sur presque toute sa circonférence. Sur ce
plateau s'élève un second dôme, d'un diamètre
moindre, formé en grande partie de marnes irisées, et présentant seulement à son sommet un
couronnement du grès inférieur du lias. Cette
couche, qui a souvent reçu le nom de quadersandstein, se présente ici sous la forme d'un grès
jaunâtre, assez solide, composé de petits grains
de quarz agglutinés presque sans ciment appa-
rent, et contenant de petites paillettes de mica,
et quelques noyaux argileux très-aplatis, entre-
mêlés de petits galets de quarz blanchâtre ou
noirâtre.

Marnes iri-
sées du Mont-
St.-Étienne,
près la Mar-
che.

§ 20. En montant au Mont-Saint-Étienne, du
côté du S.-O., on commence aussi par voir, dans
des ravins, des marnes feuilletées, grisâtres ou
verdâtres, qui se lient à la partie supérieure du
muschelkalk, et qui sont l'équivalent des couches de marne verte que j'indiquerai plus loin à
Rehainvilliers et à Ormingen, comme alternant
avec les couches supérieures du muschelkalk.
Ici, ces marnes contiennent un grand nombre de
petites couches minces d'un calcaire celluleux,
cloisonné, à cassure esquilleuse, qui est l'équivalent du calcaire celluleux cloisonné, très-commun,
en différens lieux, dans les assises supérieures du
muschelkalk.

muschelkalk. En montant dans les ravins, vers le Mont-Saint-Étienne, on ne tarde pas à voir paraître des couches de marne rouge au milieu de la marne verte ; la couleur rouge finit même par dominer, et on voit alors dans ces marnes, qui sont encore un peu schisteuses, des amas de petits filons gypseux. Bientôt la disposition schisteuse des marnes disparaît, ou n'existe plus que dans des couches minces de marne noire, qui alternent avec les marnes d'un rouge lie de vin et d'un gris bleuâtre. Un peu plus haut, on trouve une petite couche d'un calcaire compacte gris, présentant l'aspect d'une brèche, à laquelle succède, presque immédiatement, une couche de 2 à 3 mètres d'épaisseur d'un calcaire compacte, d'un gris jaunâtre, à cassure esquilleuse, très-magnésifère, identique par sa nature et par sa position géologique avec celui que j'ai signalé au paragraphe précédent dans les marnes irisées du Mont-de-la-Justice et de divers autres lieux. Ces couches me paraissent aussi absolument identiques, sous le rapport de leur position géologique, avec celles dans lesquelles est ouvert le puits de la mine de sel gemme de Vic. Les couches comprises entre le muschelkalk et le calcaire compacte esquilleux, dont il vient d'être question , sont l'équivalent de celles que traversent à Vic les travaux d'ex-

6.

ploitation, et dans lesquelles se trouvent le gypse anhydre et le sel. Je ne connais ni sel gemme ni sources salées, dans la contrée qui nous occupe actuellement ; mais il n'est peut-être pas inutile de remarquer qu'à environ une lieue au N.-E. on trouve sur le plateau de muschelkalk un point appelé *le haut de Salins.*

Si de la couche de calcaire compacte esquilleux gris jaunâtre on s'élève vers le sommet du Mont - Saint - Étienne, on retrouve les marnes irisées, présentant au plus haut degré les caractères distinctifs déjà cités, et contenant de petites couches de calcaire argileux, comme cela a lieu dans la partie supérieure de cette formation à Vic, à Salins, et à Lons-le-Saulnier. La partie la plus élevée des marnes irisées est verte, et renferme des couches subordonnées de grès quarzeux, qui se présente avec les caractères cités plus haut, et qui, en outre, contient de petites parties de marne verte disséminées. Le haut de la montagne est entièrement formé de ce même grès, dont certaines couches contiennent beaucoup de petits galets de quarz noirâtre, et dont quelques morceaux présentent des empreintes végétales (fougères) ; il appartient à la partie inférieure du lias.

§ 21. Le village de Senaide est bâti sur le pla-

Marnes iri-
sées dans la

teau du muschelkalk, à trois quarts de lieue au N.-E. de Bourbonne-les-Bains. Au nord de ce village se trouve une colline formée par les marnes irisées et couronnée par le grès inférieur du lias. On peut y monter en suivant un ravin profond, creusé par les eaux au milieu des vignes, et qui montre toutes les couches à découvert.

colline au nord de Senaide.

Dans la partie inférieure de ce ravin, on voit les couches solides les plus élevées de la formation du muschelkalk, *K*, Pl. II, *fig*. 3, composées d'un calcaire magnésifère, compacte, gris, un peu esquilleux, renfermant de petits points spathiques et présentant quelquefois un grand nombre de petites cavités irrégulières. En remontant le même ravin, on traverse d'abord une certaine épaisseur de marnes vertes schisteuses, dans lesquelles on voit paraître des veines rouges de plus en plus nombreuses et épaisses à mesure qu'on s'élève. A une certaine hauteur, on y observe de petites veines gypseuses, et on voit des couches qui sont toutes remplies de petits filons gypseux. Les veines rouges deviennent alors dominantes; elles sont entremêlées de veines de marnes noires très-schisteuses, qui sont accompagnées de petites couches ou de rognons d'un calcaire noir un peu sableux. Un peu plus haut, on trouve un gros rognon de gypse, *g*, par-dessus lequel se contournent des lits de marnes lie de vin et de marnes schisteuses verdâtres et noires, *v*, *v*. Plus haut, on ne trouve plus de marnes schisteuses verdâtres, et les marnes irisées prennent tout-à-fait leurs caractères ordinaires ; elles contiennent de petites couches d'un calcaire grossier celluleux.

Arrivé vers le milieu de la hauteur de la colline, on voit la couche de calcaire compacte, esquilleux, jaunâtre, très-magnésifère, signalée plus haut, et, au-dessus, on ne trouve plus que des marnes irisées, **i**, jusqu'à ce qu'on arrive au grès quarzeux, **n**, qui forme le sommet.

Marnes irisées des collines au Sud-Ouest de Bourbonne-les-Bains.

§ 22. Au S.-O. de *Bourbonne-les-Bains*, le muschelkalk constitue un plateau, *a*, *fig.* 4, Pl. II, d'une certaine largeur, dont la surface est formée par les couches solides les plus élevées de cette formation, composées d'un calcaire compacte, gris, très-magnésifère, et est couverte d'une quantité de petites plaquettes ferrugineuses, restes des couches de marnes schisteuses qui forment la partie tout-à-fait supérieure du muschelkalk. La surface du muschelkalk est ici un peu ondulée, mais tout indique qu'avant d'être dégradée elle formait un plateau uni plongeant légèrement au Nord-Ouest.

En commençant à monter la côte *b*, on voit, dans un chemin creux et dans des ravins, les

marnes schisteuses d'un gris jaunâtre et verdâtre
de la partie supérieure du muschelkalk. Dans ces
marnes, on voit paraître peu à peu des veines
rouges, qui finissent par dominer entièrement
et qui forment un passage aux marnes irisées.
Un peu au-dessus du point où les marnes verdâtres feuilletées cessent entièrement, on trouve
une petite couche d'un calcaire compacte , gris
noirâtre, accompagnée de marnes noires feuilletées. Un peu plus haut, on voit une petite couche
d'un grès rougeâtre, peu solide; et à un mètre
au-dessus, des marnes noires et quelquefois un
peu verdâtres, très-feuilletées. Plus haut encore,
on trouve une autre petite couche de calcaire
compacte, noirâtre : ces diverses couches subordonnées se trouvent dans les marnes bleuâtres
et lie de vin, qui présentent déjà à-peu-près
complétement les divers caractères des marnes
irisées. En montant encore un peu, on trouve
une petite carrière de gypse, ouverte sur un gros
rognon de gypse blanc, rougeâtre et grisâtre, g,
par-dessus lequel les couches se contournent
avec une courbure très-brusque. Parmi ces couches contournées, on remarque une couche mince d'un grès bleuâtre, micacé, un peu terreux,
et une autre couche, v, de marne schisteuse noire
très-fissile. Un peu plus haut, on trouve dans les

marnes irisées une couche d'un grès à grain fin et un peu terreux, d'un gris bleuâtre, un peu micacé ; enfin, en montant encore de quelques mètres, on arrive à une couche c, de 2 à 3 mètres d'épaisseur, d'un calcaire compacte, esquilleux, jaunâtre, très-magnésifère, dont j'ai placé l'analyse dans le tableau du § 19, sous le n°. (2). Ce calcaire magnésifère fait partie de la couche signalée dans le § 19 comme se trouvant constamment vers le milieu de l'épaisseur des marnes irisées. Ici, comme sur les flancs du Mont-de-la-Justice, elle donne naissance à un petit plateau à l'extrémité duquel on recommence à monter sur les marnes irisées, qui présentent leurs caractères ordinaires et leur cassure conchoïde. En approchant du haut de la côte, on voit ces marnes irisées présenter diverses petites couches de calcaire argileux, puis passer à des marnes vertes, qui, abstraction faite de la couleur, ont tous les caractères des marnes irisées. Au-dessus de cette marne verte, on trouve une petite couche de $0^m,06$ de calcaire argileux blanchâtre, puis $0^m,80$ de marne verte schisteuse, au-dessus, $0^m,05$ de calcaire blanchâtre marneux, et enfin diverses alternatives de marne verte schisteuse avec de petites couches de grès, qui sont le commencement du grès quarzeux inférieur du lias, N, nommé souvent *quadersandstein*, qui constitue le sommet de la côte, mais qui n'y a qu'une faible épaisseur.

§ 23. Je viens de mentionner pour la quatrième fois la présence (un peu au-dessous de l'assise de calcaire compacte, esquilleux, jaunâtre, magnésifère, qui se montre constamment vers le milieu de l'épaisseur des marnes irisées) de marnes noires schisteuses, fréquemment accompagnées de quelques couches d'un grès peu dur, schistoïde, micacé, de couleur bigarrée de rouge et de gris bleuâtre, et présentant dans son aspect assez d'analogie avec certaines variétés du grès bigarré. Ces marnes noires ont souvent été prises pour un indice de houille et ont occasionné plus d'une fois des spéculations malheureuses et la perte de capitaux plus ou moins considérables.

Il résulte des renseignemens qu'a bien voulu me communiquer M. Drouot, élève ingénieur des mines, qui a visité en 1826 la recherche de combustible établie à Noroy, arrondissement de Neufchâteau, département des Vosges, à 5 lieues S.-E. de Neufchâteau et à 7 lieues N.-N.-E. de Bourbonne-les-Bains, que la petite couche de combustible qui est l'objet de cette recherche est située de la même manière que les petites couches de marnes schisteuses noires dont je viens de parler.

On doit la découverte de cette couche à des

Recherche de combustible fossile dans les marnes irisées à Noroy (Vosges).

affleuremens observés dans un ruisseau, près du village de Noroy, sur le penchant de la colline au pied de laquelle ce village est bâti; elle se trouve intercalée dans les marnes irisées, dont plusieurs couches, caractérisées par les couleurs bigarrées ordinaires à ces marnes, alternent avec des couches d'argile schisteuse noire, de grès micacé et de calcaire magnésifère.

Voici une coupe du terrain de Noroy, que je dois à la complaisance de M. Drouot, à qui elle avait été remise par M. Goirant, ancien élève de l'École des mineurs de Saint-Étienne, chargé de la direction des travaux de recherche.

Coupe du terrain de Noroy, faite par un puits placé sur le penchant de la colline, et par un sondage pratiqué au fond de ce puits.

Calcaire compacte, rougeâtre	3 mèt.
Marnes irisées.	4^m.
Grès effervescent.	2^m.
Grès micacé schisteux.	1^m.
Argile schisteuse bitumineuse.	0^m,50
Couche de combustible.	0^m,40
Grès micacé.	2^m.
Marnes irisées.	»
Gypse.	8^m,5
Gypse imprégné de mat^{res}. charbonneuses.	2^m.
Gypse	6^m.
Argile noircie par une matière charbon-	
neuse.	6^m,5

puits.

	Gypse.	$3^m,49$
	Roche marneuse avec mélange de calcaire.	$1^m,50$
Sondage	Gypse avec veines blanches.	$4^m,67$
pratiqué	Anhydrite.	$0^m,22$
au fond	Calcaire.	$0^m,50$
du puits.	Anhydrite.	$0^m,36$
	Calcaire.	$0^m,90$
	Anhydrite.	$1^m,37$

Le sommet de la colline, sur le penchant de
laquelle la recherche est ouverte, est formé par
une assise du grès quarzeux inférieur du lias,
qui est couvert par un bois, comme cela a lieu
assez souvent dans cette contrée.

Plus bas, se trouve un calcaire compacte,
rougeâtre, à bandes diversement colorées, esquilleux, magnésifère, dont j'ai inséré l'analyse
sous le n°. (3), dans le tableau § 19, et qui se
rapporte à la couche de calcaire magnésifère, qui
se trouve constamment vers le milieu de l'épaisseur des marnes irisées. Le puits de recherche
traverse d'abord ce calcaire.

Les grès traversés par le puits de recherche,
au-dessus et au-dessous de la couche de combustible, paraissent, d'après les échantillons rap-
portés par M. Drouot, ne pas différer sensiblement de ceux qui, comme je l'ai déjà dit plus
haut, se trouvent près de Bourbonne, dans la

même position relative et accompagnés d'argile schisteuse noire. Les masses d'anhydrite traversées par le sondage rappellent naturellement celles qui, dans le puits de Vic, ont été traversées avant d'atteindre le sel gemme. Ce sondage, comme tous les travaux souterrains de Vic, se termine dans l'épaisseur de la formation des marnes irisées et au-dessus du niveau géologique du muschelkalk.

Le combustible fossile de Noroy présente des caractères minéralogiques en quelque sorte intermédiaires entre ceux de la houille et ceux du lignite; il est compacte, à cassure inégale, d'un noir sale et terne. Assez souvent on trouve dans la masse des veines et des noyaux de pyrites; il ne paraît pas susceptible des mêmes usages que la véritable houille tirée du terrain houiller; il brûle difficilement, donne peu de flamme, et, loin de se coller, il se délite en morceaux et donne très-peu de chaleur, comme on peut en juger par les résultats des expériences suivantes, dont MM. Drouot et Vène, élèves-ingénieurs des mines, ont été témoins.

1°. A Noroy, on a mis dans une forge de maréchal des morceaux de ce combustible, choisis avec soin, et pour les faire brûler on a été forcé de charger les soufflets. Après une demi-heure d'insufflation, on est parvenu à faire adhérer ensemble deux barres de fer de 15 lignes de large sur 6 lignes d'épaisseur ; mais jamais on n'a pu faire disparaître les traces de la soudure.

2°. A l'aciérie de Pont-du-Bois , chez M. Fallatieu, on a rempli avec le combustible de Noroy un four à corroyer l'acier, qui avait été chauffé auparavant avec de la houille véritable ; mais la chaleur du four a toujours été en diminuant, et on n'a pu parvenir à souder une trousse d'acier.

§ 24. En quittant *Bourbonne-les-Bains* par la grande route de Langres, on marche d'abord pendant une demi-lieue sur le plateau de muschelkalk *a, fig.* 5, Pl. II , après quoi on monte une côte *b* formée par les marnes irisées, et présentant à son sommet le grès quarzeux de la partie inférieure du terrain de lias. Je crois inutile de donner la description détaillée de cette côte ; elle rentrerait entièrement dans les précédentes. Arrivé à sa partie supérieure, on se trouve au niveau d'un second plateau *p*, dont la surface est presque entièrement formée par le calcaire à gryphées arquées (*lias bleu* des Anglais), qui consiste ici en un calcaire compacte, un peu argileux, bleu , à cassure terreuse, renfermant un grand nombre de parties spathiques et souvent quelques points jaunes , et présentant un grand nombre de gryphées arquées et d'ammonites, des plagiostomes, des spirifers, etc.; il est peu épais dans cette contrée. Près d'Andilly, on trouve une vallée qui coupe toute l'épaisseur du calcaire à gryphées arquées et du quadersandstein, et dont le fond est creusé dans les couches supérieures des marnes irisées, qui présentent, ainsi que le quadersandstein, les mêmes caractères que dans les collines des environs de Bourbonne ; seulement j'y ai remarqué, dans le quadersandstein, un banc coquillier contenant plusieurs espèces de bivalves.

Aux environs de Luxembourg, j'ai trouvé une pinne-marine et plusieurs autres bivalves, dans un grès analogue par ses caractères, et identique par sa position, avec celui dont je viens de parler. Il y est recouvert par le calcaire à gryphées arquées (*lias bleu*); mais au-dessous de ce grès, entre lui et les marnes irisées qui se trouvent plus bas, j'ai rencontré une assise d'un calcaire tout-à-fait analogue, par les caractères minéralogiques, au calcaire à gryphées arquées, et contenant une bivalve que je crois être un plagiostome. Cette circonstance m'a paru rattacher ce grès au terrain de lias plutôt qu'à celui des marnes irisées, malgré les passages et les alternances qui ont lieu entre les dernières couches de ces marnes et les premières du grès quarzeux dont il s'agit.

§ 25. En résumant ce qui précède, on voit que dans la contrée qui comprend *Plombières, Bains, la Marche* et *Bourbonne-les-Bains,* il y a parallélisme et dégradation continue de caractères dans la succession de couches qui remplit l'intervalle compris entre l'assise la plus basse du grès bigarré et l'assise la plus élevée des marnes irisées ; on serait par conséquent fondé à considérer toutes ces couches comme appartenant à une seule et même formation ; mais je crois que ce serait donner au mot formation une extension nuisible. Il me paraît plus conforme au but de la géologie et à la nature des choses de considérer comme constituant une formation distincte le groupe des couches calcaires, présentant des caractères minéralogiques et zoologiques tranchés et constans, qui forme le milieu de cette série, et dès-lors d'en séparer comme deux formations différentes, d'une part, le grès bigarré, qui comprend les couches inférieures de la même série, et de l'autre le groupe non moins important des marnes irisées, qui en comprend la partie supérieure.

Je crois en même temps qu'il y a au moins autant de raison pour séparer les marnes irisées du lias qui les recouvre, que pour les séparer du muschelkalk qui les supporte. Si dans ces contrées on regardait toutes les couches parallèles

Résumé des observations géologiques faites aux environs de Plombières, de Bourbonne-les-Bains et de la Marche.

entre elles et liées par un passage insensible comme appartenant à une même formation, on serait obligé de ranger dans une seule et même formation toutes les couches comprises entre la première assise du grès bigarré et l'assise supérieure des calcaires oolithiques.

(*Environs de Lunéville.*)

Terrains des environs de Lunéville.

§ 26. Les environs de Lunéville, de Charmes, de Rembervillers et de Raon-l'Étape, présentent les mêmes formations que ceux de Bourbonne-les-Bains, c'est-à-dire le grès bigarré, le muschel-kalk et les marnes irisées. L'ordre de la superposition de ces trois formations est ici moins facile à observer que dans les environs de Bourbonne; mais les caractères des deux premières sont beaucoup mieux marqués.

Identité de ces terrains avec ceux des environs de Bourbonne-les-Bains.

L'identité des couches auxquelles je donne le même nom dans les deux localités ne peut, au reste, être l'objet d'un doute ; car chacune d'elles, en particulier, pourrait être suivie sans interruption de l'une des localités à l'autre.

Grès bigarré ; ses rapports de position avec le grès des Vosges.

Je vais, comme dans l'article précédent, commencer la description de ces divers terrains par celle du grès bigarré, qui forme la partie inférieure de la série. Je chercherai, avant tout, à faire connaître les rapports qui existent ici entre le grès bigarré et le grès des Vosges, qui forment les premières lignes des montagnes au pied desquelles se terminent les plaines de la Lorraine, au S.-E. de Lunéville.

A Baccarat, le fond de la vallée de la Meurthe est creusé dans le grès des Vosges, qui supporte le grès bigarré. On voit, des deux côtés de la vallée, des escarpemens formés par des couches très-solides de grès des Vosges, renfermant beaucoup de galets de quarz gris rougeâtre et blanc, et appartenant à la partie supérieure de cette formation. A mesure qu'on remonte la vallée de la Meurthe, en se dirigeant vers Raon-l'Etape, on voit le grès des Vosges s'élever de plus en plus haut sur les pentes de la vallée, et il constitue, à lui seul, les sommets des montagnes qui environnent cette dernière ville.

En allant de Raon-l'Étape à Bruyères, on marche tantôt sur le grès des Vosges et tantôt sur le grès bigarré. On traverse également la jonction du grès des Vosges et du grès bigarré, en allant de Bruyères à Rambervillers. Dans plusieurs de ces points, comme dans quelques autres où j'ai eu occasion de les examiner, ces deux formations m'ont paru juxta-posées de la manière représentée Pl. III, *fig.* 1, où X indique le grès des Vosges et H le grès bigarré. Cette circonstance, jointe à la différence minéralogique, constante et tranchée, qui existe entre les assises su—

périeures du grès des Vosges et le grès bigarré,
me paraît indiquer que ces deux grès appartiennent à deux formations distinctes.

Composition
de la forma-
tion du grès
bigarré.Dans cette contrée, comme du côté de Plombières et de Bourbonne, la formation du grès
bigarré se compose d'un grand nombre de couches d'un grès à grain fin, d'un aspect plus ou
moins terreux, d'une couleur amaranthe, gris
bleuâtre ou jaune sale, plus ou moins ocreux.
On y trouve quelquefois de petits galets quarzeux, mais toujours en moindre nombre et moins
gros que dans le grès des Vosges. Les couches
inférieures de la formation ont souvent une
épaisseur de plus d'un mètre. Cette épaisseur
diminue à mesure qu'on s'élève des plus anciennes vers les plus récentes. Les couches supérieures sont minces et divisées en feuillets par
un grand nombre de fissures de stratification
chargées d'une multitude de paillettes minces de
mica argentin. Dans les strates épaisses des
couches inférieures, on voit des paillettes du
même mica dispersées irrégulièrement dans la
masse.

Dans la contrée qui nous occupe, on exploite
différentes couches de cette formation pour les
mêmes usages que du côté de Plombières. Les
couches épaisses de la partie inférieure fournissent des pierres de taille susceptibles de rece-

voir les formes les plus délicates. Des couches plus minces et plus élevées donnent de très-bonnes meules à aiguiser : on cite particulièrement sous ce rapport la carrière de Merviller, à une lieue au N.-N.-E. de Baccarat. Les couches fissiles de la partie inférieure ne produisent que des dalles, qu'on emploie à paver et quelquefois même à couvrir les maisons.

Un peu au midi de Domptail, dans un canton dont le sol est formé uniquement par le grès bigarré, on trouve des carrières assez considérables, dans lesquelles cette roche est exploitée comme pierre de taille. Elles ont environ 10 mètres de profondeur. La moitié inférieure de la masse exploitée est formée de bancs épais d'un grès à grain fin, d'un aspect un peu terreux, quoique solide, d'un brun rougeâtre ou jaunâtre, parsemé de paillettes de mica et traversé par des fissures de stratification qui font divers angles avec les plans à peu près horizontaux de séparation des couches. Au-dessus, se trouve une couche de 4 à 5 décimètres d'épaisseur, d'un grès marneux très-micacé et très-fissile, d'un rouge amaranthe assez prononcé; celle-ci est recouverte par une autre de 5 à 6 décimètres d'un grès assez solide, d'un jaune ocreux sale, un peu micacé et un peu schisteux, renfermant une très-grande quantité d'empreintes végétales (calamites).

Coquilles
fossiles
dans le
grès bigarré,
à Domptail.

7.

Cette dernière couche se lie intimement à celle qui la recouvre et qui est la plus remarquable de la carrière. Elle consiste en un grès à grain fin, un peu micacé, d'un jaune brunâtre, dû à un mélange considérable d'hydrate de fer, qui est *pétri* d'une *multitude* de moules intérieurs de coquilles univalves et bivalves, dont le test a entièrement disparu et a été remplacé par une matière noire, ocreuse et d'une consistance terreuse. Ce banc coquillier se lie par sa partie supérieure à un banc de grès sans coquilles et sans empreintes, d'un brun jaunâtre ou rougeâtre, qui le recouvre et qui est suivi de plusieurs autres de même nature, c'est-à-dire non coquilliers. Enfin, en approchant de la surface du sol, on trouve un grès à grain fin, de couleur rouge ou gris bleuâtre, très-fissile et très-micacé.

D'après les recherches de M. Lefroy, les coquilles fossiles du grès bigarré de Domptail paraissent se rapporter aux espèces suivantes :

Univalves.

Melania? *scalata* (Lefroy); strombites scalatus (Schlotheim).

Natica, espèce inédite (Lefroy).

Bivalves.

Mytilus eduliformis. . . . . . (Schlotheim).

Cypricardia socialis (Lefroy), mytilus socialis (Schlotheim).

Triogonia vulgaris (Lefroy), trigonellites vulgaris (Schlotheim).

M. Gaillardot, docteur en médecine à Lunéville, a publié des détails plus étendus sur les fossiles de Domptail, et en a dessiné plusieurs dans les *Annales des Sciences naturelles*, t. VIII, pag. 286.

§ 27. Le village de Domptail et celui de Magnières sont situés à peu près sur la ligne de jonction du grès bigarré et du muschelkalk, qui le recouvre en formant un plateau, terminé vers le S.-E. par des pentes assez rapides.

Muschelkalk entre Domptail et Lunéville.

Si, de Magnières, on se rend à Lunéville par la grande route qui suit la vallée de l'Aune et ensuite celle de la Meurthe, on marche jusqu'au-delà de Réhainvillers sur le muschelkalk, qu'on voit presque partout à découvert. Le fond et le flanc droit de la vallée sont constamment formés par cette formation, qui y présente en abondance tous les fossiles qui lui sont propres. Elle y est en même temps très-bien caractérisée sous le rapport de la composition minéralogique. Les couches solides, dont l'épaisseur varie ordinairement de 2 à 4 ou 5 décimètres, se composent principalement d'un calcaire compacte, d'un gris de fumée passant au gris verdâtre. La cassure,

Sa composition minéralogique.

unie et souvent conchoïde en grand, est tantôt
esquilleuse et tantôt inégale, ou même terreuse
en petit ; ce qui constitue deux variétés de texture, qu'on voit fréquemment se mélanger l'une
avec l'autre dans les mêmes blocs sous forme de
veines lenticulaires. La variété à cassure esquilleuse est souvent parsemée de parties spathiques,
qui sont évidemment des débris de corps marins.
Quelquefois les coquilles sont plus ou moins entières et présentent, sur la cassure, une ligne
courbe et brillante. Quelquefois aussi, étant presque entières, elles présentent dans leur intérieur
un calcaire, qui diffère plus ou moins, par sa teinte
ou sa cassure, de celui dans lequel elles sont em-
pâtées ; très-souvent encore les parties cristallines, dues à des débris de corps marins, sont
accompagnées de petites taches ocreuses. La variété de calcaire dont la cassure est plus ou moins
terreuse, est celle qui se trouve le plus fréquemment vers la surface des blocs. Elle semble former le passage du calcaire aux petites veines
marneuses qui séparent les diverses couches les
unes des autres, et dont la facile destruction par
l'action des eaux met à découvert les fossiles
adhérens aux parties solides.

Dans les carrières de Xermamenil, qui sont du
nombre de celles où le muschelkalk renferme des
ossemens de sauriens et de tortues, la roche cal-

caire présente plusieurs variétés différentes de celles qui viennent d'être décrites. Le calcaire compacte gris y prend un aspect plus marneux qu'à l'ordinaire. Il contient des couches d'un calcaire compacte, bleu dans l'intérieur des blocs, et jaunâtre vers leur surface, pétri d'une multitude de petits fragmens de coquilles (probablement des térébratules), couchés dans le sens de la stratification, et qui en font une véritable lumachelle. On voit aussi, dans la même carrière, plusieurs couches d'un calcaire compacte, d'un gris jaunâtre, à cassure inégale et terreuse, dont certaines parties sont remplies de coquilles dont le test a été détruit et remplacé par une matière ocreuse, et qui présente des lits de silex, d'un gris noirâtre plus ou moins foncé.

A Réhainvillers, village situé à la jonction de la vallée de l'Aune avec celle de la Meurthe, le sol est formé par les assises supérieures du muschelkalk. On voit près de ce village plusieurs carrières qui sont ouvertes sur un calcaire compacte gris, renfermant divers fossiles, notamment des térébratules, des mytilus et des ossemens de sauriens et de tortues. Ce calcaire alterne en couches quelquefois assez minces avec des couches d'une argile verte, employée pour la fabrication de la poterie, et qui paraît former un passage aux marnes irisées : aussi les couches qu'on voit dans les carrières de Réhainvillers plongent-elles à l'O.

et paraissent-elles s'enfoncer sous les marnes irisées, qui se montrent en face, dans les collines qui forment les rives opposées de l'Aune et de la Meurthe. Les carrières que présente cette vallée et les nombreux tas de pierres qu'on y voit relevés autour des cultures sont le champ des recherches de M. Gaillardot, médecin à Lunéville, qui a réuni un grand nombre de fossiles du muschelkalk, dont il a fait part à M. Cuvier et à M. Brongniart. M. Cuvier a même décrit, d'après les échantillons et les notes qu'il a reçus de M. Gaillardot, les ossemens de grands sauriens et de tortues qui se trouvent dans le muschelkalk de cette contrée. (Voy. *Recherches sur les ossemens fossiles*, t. V, 2ᶜ part., p. 355.)

Fossiles du muschelkalk entre Domptail et Lunéville. Espérons que la science sera bientôt redevable d'une liste complète des fossiles du muschelkalk de la vallée de la Meurthe à M. Gaillardot et à M. Mougeot, qui en possèdent des collections aussi remarquables par le nombre des espèces que par la beauté des individus. Je ne puis citer ici qu'un petit nombre de fossiles, que j'ai pour la plupart recueillis moi-même, et dont je dois la détermination à M. Lefroy et à M. Brongniart. Ces espèces sont les suivantes :

Encrinites monileformis (Miller), encrinites liliformis (Schlotheim);

Ammonites nodosus (Schlotheim);

Ammonites semipartitus (Schlotheim);

. *Nautilus bidorsatus.* Nautilites bidorsatus , (Schlotheim).

Cypricardia socialis (Lefroy), mytulites socialis (Schlotheim).

Mytilus eduliformis. Mytulites eduliformis (Schlotheim).

Terebratula vulgaris, terebratulites vulgaris ou subrotunda (Schlotheim).

Plagiostoma striata (Lefroy) , chamites striatus (Schlotheim).

Trigonia pes anseris (Lefroy), trigonellites pes anseris (Schlotheim).

Ostracites pleuronectilites (Schlotheim).

Coquilles turbinées (moules intérieurs de plusieurs espèces).

Rhincolites Gaillardoti. (Schlotheim).

Rhincolites hirudo (Schlotheim).

Cette liste est certainement très-incomplète ; cependant elle comprend tous les fossiles que j'ai vus revenir fréquemment et en abondance dans les diverses localités où j'ai eu occasion d'examiner la formation du muschelkalk, tant sur les pentes des Vosges, que sur celles du Schwartz-wald, et sur celles des montagnes des Maures (Var). On n'y remarque ni productus ni bélemnites. En effet, je n'ai jamais remarqué la moindre trace de ces fossiles dans le muschelkalk, et je ne sache pas qu'on en ait jamais trouvé dans aucune couche de muschelkalk bien avéré. Si des bélem-

Remarques générales sur les fossiles du muschelkalk.

nites ont quelquefois été citées dans cette formation, je crois que ce n'a été que par des observateurs qui confondaient le lias avec le muschelkalk. On peut probablement en dire autant pour
les gryphées. Je n'ai distingué dans le muschelkalk
que deux ammonites, peut-être y en existe-t-il
un plus grand nombre; mais ce qui m'a surtout
frappé, c'est que, dans aucune des ammonites
de cette formation que j'ai eu occasion de voir,
je n'ai aperçu de ces festons compliqués, de ces
persillures qui, dans des ammonites moins anciennes, marquent si souvent la jonction des
cloisons avec l'enveloppe extérieure, mais que
toutes, au contraire, ont des cloisons à in-
flexions simples, quoique multipliées, et qui
présentent, seulement dans certaines parties de
leur courbure, de petites dentelures pareilles aux
dents d'une scie. Je crois, d'après cela, qu'on
peut déjà pressentir que deux des caractères zoologiques de la formation du muschelkalk en
Europe seront : 1°. qu'elle se distingue du zechstein, parce qu'on n'y trouve plus le genre productus; 2°. qu'elle se distingue du lias, parce
qu'on n'y voit pas encore paraître les bélemnites,
les ammonites persillées et les gryphées(à moins
cependant, relativement aux gryphées, qu'on ne
finisse par rapporter à ce genre une coquille
épaisse, assez fréquente dans le muschelkalk,
mais qui, ne se trouvant que rarement bien en-

tière, n'a pas encore été suffisamment étudiée).

Ne m'étant jamais occupé d'une manière spéciale de l'étude des êtres organisés, je n'insiste sur ces remarques que dans l'intérêt de la géologie; il me semble que, dans l'état actuel de cette science, il serait d'un grand intérêt que les observateurs fissent connaître s'il existe en Europe des couches contenant des productus, qu'on puisse avec certitude regarder comme plus récentes que le zechstein, ou des couches contenant des bélemnites qu'on puisse, sans crainte d'erreur, regarder comme plus anciennes que le lias (1).

§ 28. La ville de Rambervillers est située à peu près sur la ligne de jonction du grès bigarré et du muschelkalk, et, en se dirigeant de cette ville vers la côte d'Essey, on marche presque toujours sur le muschelkalk, sur lequel on voit, en quelques points, des lambeaux peu épais de marnes irisées, qui paraissent avoir échappé à la destruction qu'a éprouvée, dans ces endroits, le reste de cette formation.

Muschelkalk et marnes irisées près de Rambervillers.

Près du village de Haillainville, on entre tout-

---

(1) Voyez une note sur un gisement de végétaux fossiles et de bélemnites, situé à Petit-Cœur, en Tarentaise, que j'ai publiée dans les *An. des Sciences naturelles,* juin 1828.

Marnes irisées et basalte de la côte d'Essey.

à-fait dans les marnes irisées, qui constituent toute la côte d'Essey, à l'exception du petit plateau de grès du lias et du petit dôme de basalte qui forment son sommet. A quelque distance au-dessous de l'affleurement du grès du lias, on voit affleurer le calcaire magnésifère compacte, esquilleux et quelquefois celluleux, qui forme une des couches les plus constantes de la formation. Il paraît, d'après M. Gaillardot (1), qu'un peu au-dessous de ce calcaire on trouve des couches de grès, comme j'ai dit que cela a lieu constamment aux environs de Bourbonne-les Bains.

J'ai cherché à indiquer, dans la *fig.* 3, Pl. III, la disposition des couches dont je viens de parler, ainsi que la position du chapeau basaltique qui couronne la côte d'Essey :

K, muschelkalk; I, marnes irisées; *c*, couche de calcaire magnésifère dans les marnes irisées;

N, grès inférieur du lias; *b*, basalte.

En allant de la côte d'Essey à Charmes, on rencontre le muschelkalk dans le fond d'un vallon entre Saint-Broing et Saint-Remy-aux-Bois. Il y est clairement recouvert par les marnes irisées, sur lesquelles on marche jusqu'au bord de la Moselle, en face de Charmes, et qui, dans tout cet espace, se montrent plus ou moins à découvert.

____

(1) *Notice géologique sur la côte d'Essey;* par **M. C.-A.** Gaillardot. Lunéville, chez Guibal, 1818.

§ 29. La petite ville de Charmes, département de la Moselle, est bâtie sur la rive gauche de la rivière de ce nom, près du point où elle cesse de couler sur la formation du muschelkalk pour entrer dans celle des marnes irisées, qui lui est immédiatement superposée. Il résulte de cette disposition que le muschelkalk ne se montre qu'au fond de la vallée, sur les rives mêmes de la Moselle; tandis que les collines, qui s'élèvent de part et d'autre à des hauteurs variables, sont formées par les marnes irisées : les plus hautes sont même couronnées par le calcaire à gryphées arquées (lias des Anglais), accompagné du grès quarzeux, qui, dans cette contrée, fait toujours partie de ses assises inférieures. *Muschelkalk près de Charmes.*

Le rivage escarpé qui borde la Moselle sur la rive droite, en face de Charmes, présente des couches d'un calcaire compacte, gris de fumée, contenant des strates marneuses, qu'on reconnaît aisément pour appartenir aux assises supérieures du muschelkalk; il contient différens fossiles propres à cette formation, et notamment l'*ammonites nodosus*, la *terebratula vulgaris* ou *subrotunda*, la *cypricardia socialis*, le *plagiostoma striata*, etc. : ces couches calcaires paraissent plonger légèrement vers le N.-O.

§ 30. A l'O.-N.-O. de Charmes, le côté gauche de la vallée est assez escarpé, et cet escarpement *Marnes irisées près de Charmes.*

est formé en partie par un gypse, tantôt compacte, tantôt fibreux, gris, blanc ou rose, *g*, Pl. III,
fig. 2, accompagné de marnes, les unes bigarrées,
et les autres noires, et de couches d'un calcaire
caverneux très-grossier. Cette réunion me paraît
caractériser la partie inférieure des marnes irisées.

En s'élevant davantage sur le flanc de la même
colline, on trouve une couche de 2 à 3 mètres
d'épaisseur, subordonnée à des marnes irisées,
d'un grès un peu micacé, peu dur et même un
peu terreux, d'un brun rougeâtre et d'un jaune
grisâtre mélangés par veines. Ce grès est presque
intermédiaire, par sa nature minéralogique comme
par sa position, entre le grès bigarré et le grès
du lias; mais il ne doit être confondu ni avec
l'un ni avec l'autre.

Un peu plus haut, on voit une couche *c* de
2 à 3 mètres d'épaisseur d'un calcaire blanc jaunâtre, compacte, à cassure esquilleuse. Cette
couche, qui plonge au N.-O. sous un angle assez
sensible, de même que celles qui la supportent
et qui la recouvrent, constitue cependant une espèce de plateau, dans lequel des carrières sont ouvertes. Ce calcaire ne manque jamais de se retrouver avec les mêmes caractères et à peu près
avec la même puissance, vers le milieu de l'épaisseur des marnes irisées.

Le banc de grès et le banc de calcaire dont je viens de parler ressemblent parfaitement à ceux qui se trouvent près de l'orifice des puits de la mine de Vic. Il ne manque ici que le sel gemme pour avoir au jour l'équivalent du système dans lequel on a poussé les travaux de cette mine.

En continuant à s'élever sur la pente de la colline, dans la direction de l'O.-N.-O., on marche pendant quelque temps sur les marnes irisées ordinaires, mais ensuite elles deviennent d'un gris verdâtre; ce qui annonce ordinairement qu'on touche à leur partie supérieure : aussi trouve-t-on presque aussitôt des couches minces de marne noire très-schisteuse et de grès quarzeux jaunâtre, peu solide, qui sont le commencement de la formation du grès inférieur du lias. Après un petit nombre d'alternatives de ces couches avec les marnes verdâtres, on ne voit plus, sur une épaisseur de quelques mètres, que le grès quarzeux, qui est jaunâtre, à grain fin, un peu friable. Au-dessus, on trouve le lias, qui forme le sommet de la colline, et qui est ici, comme par-tout ailleurs, un calcaire compacte bleu, un peu marneux, avec des parties spathiques contenant beaucoup de gryphées arquées, de plagiostomes, etc.

En allant de Charmes à Chatenoy, on marche jusqu'au village de Rouvres sur les marnes irisées ou sur le grès inférieur du lias, qui forme le sommet de plusieurs collines. Les marnes irisées sont très-bien développées dans ce canton; on y voit très-bien le grès et le calcaire compacte, esquilleux, jaunâtre, qui se trouve à leur partie moyenne. On remarque aussi, vers leur partie supérieure, divers lits de calcaire caverneux et de calcaire compacte en rognons semblables à ceux qu'on voit à Vic dans la même position, et qu'on y désigne sous le nom de crapaud. De Rouvres à Chatenoy, on marche sur le lias.

(*Bords de la Sare.*)

Disposition générale des terrains dans la vallée de la Sare.

§ 31. La Sare prend sa source dans les montagnes de grès des Vosges qui avoisinent le Grand-Donon, et qui sont des plus considérables de celles que constitue ce grès dans le système des Vosges. Après avoir coulé pendant quelques lieues dans cette formation , la Sare en sort près de Niederhoff pour entrer dans le grès bigarré et bientôt après dans le muschelkalk.

Depuis Obersteinsel , près Sarbourg, jusqu'à Meitzheim, au-dessus de Sarguemine, elle coule . sur les marnes irisées en laissant tout entière sur la rive droite, entre elle et les Vosges, la zône de muschelkalk, dont elle ne s'éloigne que très-peu. Elle retraverse ensuite cette zône, puis celle du grès bigarré et celle du grès

rouge, pour atteindre, dans le pays de Sare-
bruck, les couches de la formation houillère, sur
lesquelles elle coule pendant quelque temps. Elle
en ressort bientôt après pour rentrer, encore à
travers le grès rouge, dans les formations du grès
bigarré et du muschelkalk, qu'elle quitte défini-
tivement, près de Mettloch, pour aller se jeter
dans la Moselle, à Contz, après avoir circulé pendant quelque temps au milieu des collines de
roches de transition qui forment la lisière du
Hundsrück.

On conçoit, d'après cela, que la vallée de la
Sare et les contrées qui l'avoisinent présentent
de nombreuses occasions d'étudier les formations
qui nous occupent en ce moment, et d'observer
leurs rapports de position. Je vais rapporter successivement les observations que j'ai été à même
d'y faire à ce sujet, en les rangeant dans l'ordre
géographique dans lequel se présentent, en suivant le cours de la Sare, les lieux où elles ont
eu lieu.

§ 32. Le cours d'eau qui retient jusqu'à sa
source le nom de Sare, et les autres cours d'eau
qui, après s'être réunis, viennent le grossir à
Lorquin, prennent également naissance dans les
montagnes de grès des Vosges, et en sortent près
de Niederhoff, de Saint-Quirin et d'Elberschweil-
ler, pour entrer dans le grès bigarré. La vallée à

Grès bigarré,
muschelkalk
près de St.-
Quirin.

l'entrée de laquelle est bâtie la manufacture de glaces de Saint-Quirin, est creusée dans le grès des Vosges. En suivant la route de Lorquin, on voit, près de la chapelle de Notre-Dame-de-Laure, des couches épaisses et homogènes de grès, qui paraissent appartenir à la partie inférieure de la formation du grès bigarré. On voit des couches d'un aspect analogue et que tout indique être les mêmes sur les deux flancs de la vallée d'El-berschweiller, tout près de ce village. Plus haut, la vallée de la Rouge-Eau est creusée dans le grès rouge des Vosges. A Niederhoff, on voit, sur la rive gauche de la Sare, des couches d'un grès de couleur rouge amaranthe et gris bleuâtre, très-fissile et très-micacé. Elles s'inclinent légèrement vers l'O. et paraissent appartenir aux couches su-périeures du grès bigarré. Je les ai vues paraître près de Montigny. Le grès bigarré occupe, dans cette contrée, une zône continue entre le grès des Vosges, sur lequel il s'appuie, et le muschel-kalk, par lequel il est recouvert et dont je vais maintenant dire quelques mots.

Cette formation se présente ici sous la forme d'un calcaire le plus souvent compacte, à cassure conchoïde, d'un gris plus ou moins foncé, renfermant fréquemment des entroques circulaires très-nettes et très-miroitantes. On y trouve des couches qui sont pétries d'une immense quantité de bi-

valves brisées, et qui se divisent en plaques minces, des masses à surface mamelonnée de calcaire
compacte, renfermées dans des couches moins solides et un peu marneuses, et des masses cloison-
nées provenant aussi de couches marneuses, accidens que nous avons déjà signalés, § 15, comme
se présentant dans le muschelkalk des environs de .
Provenchères, de Serécourt et de Fresne-sur-
Apance ; on y voit aussi du quarz blanc celluleux, et du quarz noirâtre rubané, très-fragile,
qui, comme nous le verrons plus tard, accompagnent le muschelkalk en plus grande abondance
dans la vallée du Rhin. J'ai observé ce calcaire
en place dans la colline qui domine au N.-O. le
village de Fraquelsing, près Niederhoff. Loin
d'être isolée, cette colline fait partie d'une rangée de hauteurs pareilles et composées de la
même manière, qui, d'une part, s'étend au S.-E.,
en passant près de Baccarat, pour aller se rattacher à celles de Domptail et de Magnières déjà
citées § 27, et qui, d'autre part, se prolonge au
loin vers le N.-E. dans une direction opposée.
Ces collines forment la tranche d'un plateau
peu élevé, qui court parallèlement à la bande de
grès bigarré signalée ci-dessus, et qui, s'abaissant peu à peu vers le N.-O., disparaît sous les
marnes irisées qui paraissent aux environs de
Lunéville, de Blamont et de Heming, et se pro-

longent sans interruption jusqu'à Dieuze, Vic et Château-Salins.

§ 33. La montagne de Saverne présente vers l'Est, c'est-à-dire du côté qui regarde la vallée du Rhin, une pente très-raide, ou une espèce d'escarpement, qui ne laisse voir, depuis le bas jusqu'au haut, que le grès des Vosges, dont les couches, à très-peu près horizontales, se dessinent çà et là à travers la forêt. A partir du sommet de cette montagne, le terrain s'abaisse vers l'Ouest, suivant une pente très-douce, et en suivant la route de Phalsbourg, on marche pendant quelque temps sur la surface du grès des Vosges; mais on ne tarde pas à apercevoir un changement dans la nature du sol, et on reconnaît alors que sa surface est formée par le grès bigarré, qui s'étend sur le grès des Vosges, dans lequel on voit aisément que sont creusées toutes les vallées qu'on aperçoit à droite et à gauche. Une carrière est ouverte dans le grès bigarré près de l'embranchement de la grande route de Phalsbourg avec le chemin d'Ingeweiller. Les couches qu'elle met à découvert penchent vers l'Ouest. Le grès y est d'un grain fin, peu dur, sans noyaux de quarz, d'une couleur rouge amaranthe, gris bleuâtre ou gris jaunâtre : ces teintes contrastent aussi bien que le grain fin et terreux de la roche avec la teinte uniformément rouge de brique et le grain

Grès bigarré
près de
Phalsbourg.

net et même un peu cristallin que présente le grès des Vosges de la descente de Saverne. Elles se montrent séparément dans des couches alternatives, et forment aussi des taches les unes au milieu des autres. Les couches inférieures de la carrière sont épaisses et peu schisteuses; les couches supérieures, au contraire, sont minces et se divisent aisément en feuillets très-minces : elles contiennent beaucoup de paillettes de mica blanchâtre, qui, étant disposées parallèlement à la stratification, produisent cette disposition schisteuse. Ce grès renferme des noyaux très-aplatis d'argile bleue; mais on y chercherait en vain ces galets de quarz blanc et gris rougeâtre si abondans dans certaines couches du grès des Vosges de la montagne de Saverne, et dont il est rare de le voir entièrement exempt sur une grande épaisseur.

La carrière dont nous parlons rappelle entièrement celles des environs de Plombières et plusieurs autres déjà citées dans la même formation, et on ne saurait un instant méconnaître que les couches qu'elle présente appartiennent au grès bigarré.

Un peu au-delà de Phalsbourg, en suivant la route de Sarbourg, on commence à voir des lambeaux de muschelkalk paraître sur le grès bigarré. Bientôt ce calcaire cache entièrement le

grès et finit par constituer tout le terrain jusqu'à ce qu'au-delà de Heming il disparaisse à
son tour sous les marnes irisées, qui, de-là, s'é-
tendent sans interruption jusqu'à la Seille.

Muschelkalk
et marnes
irisées aux
environs de
Sar-Albe.

§ 34. A partir des localités dont je viens de
parler, les zônes parallèles de grès bigarré et de
muschelkalk continuent à se prolonger N.-N.-E.
le long des Vosges jusqu'à Bitche et au-delà. Je
n'ai pas eu occasion d'étudier le grès bigarré
dans cet intervalle ; mais, aux environs de Bouquenom et de Sar-Albe, j'ai pu observer le
muschelkalk et les marnes irisées.

A l'Est d'une ligne tirée de Bouquenom à Ormingen (à 2 lieues Est de Sar-Albe), le sol est
formé par le muschelkalk, qui constitue des collines et des plateaux assez élevés. Il présente plusieurs variétés de calcaires, que je crois devoir
encore décrire, pour mettre le lecteur à même de
bien juger quelles sont celles qu'on rencontre
le plus habituellement dans cette formation. Les
plus communes sont, comme à l'ordinaire, un
calcaire compacte, d'un gris de fumée, à cassure
conchoïde, quelquefois un peu esquilleuse en
petit, et un calcaire compacte, d'un gris plus
clair, passant quelquefois au gris jaunâtre ou
verdâtre, à cassure unie en grand et inégale en
petit, esquilleuse et d'un aspect un peu terreux.
Ces deux variétés se trouvent souvent réunies

dans les mêmes strates : elles présentent alors la forme de veines plus ou moins exactement lenticulaires, qui s'entrelacent et se fondent les unes dans les autres près de leurs points de contact. On trouve aussi très-souvent dans le muschelkalk de cette contrée des veines d'un calcaire compacte, à cassure unie et un peu esquilleuse, tantôt bleu et tantôt brun, dans lequel on aperçoit une immense quantité de petits fragmens de coquilles et beaucoup de petites parties spathiques, qui paraissent être soit des fragmens encore plus petits de corps marins, soit des cristallisations calcaires qui ont rempli des vides laissés par des fragmens de corps organisés qui se sont décomposés. Les couches que forme le calcaire sont souvent séparées par des veinules de marne. Lorsque les blocs calcaires sont exposés à l'air, cette croûte marneuse est promptement entraînée par la pluie et laisse voir la surface du calcaire solide, qui présente le plus souvent un aspect un peu terreux et comme sableux. On remarque souvent sur cette surface de petites masses calcaires alongées, cylindroïdes, de 7 à 8 millimètres de diamètre, qui y sont fortement adhérentes, et qui, souvent, se traversent mutuellement sous des angles variables ; c'est aussi sur les surfaces des blocs dégagés de leur croûte terreuse qu'on trouve les échantillons les plus nets

des fossiles qui y sont répandus en grand nombre
mais le plus souvent trop empâtés dans la pierre
pour qu'on puisse les déterminer. J'ai trouvé
adhérens à la surface de quelques-uns de ce
blocs des entroques, qui, souvent, sont en même
temps répandues en grande quantité dans l'inté
rieur de la masse et qui appartiennent à l'*encrinite
liliformis*, à l'*ammonites nodosus*, au *mytilus edu
liformis*, à la *cypricardia socialis*, à l'*ostracites pleu
ronectilites*, à la *terebratula vulgaris* ou *subrotun
da*, au *plagiostoma striata* et un moule intérieu
de coquille univalve.

On peut voir le muschelkalk très-bien déve
loppé dans les coteaux qui se trouvent à l'Est d
village d'Ormingen, à une lieue Est de Sa
Albe, et qui se prolongent très-loin dans les di
rections du S.-S.-O. et du N.-N.-E. Si on travers
la rivière qui passe à Ormingen, qu'on mont
sur les coteaux *r*, Pl. III, *fig.* 4, qui forment l
flanc occidental de la vallée, on y trouve le
assises supérieures du muschelkalk : elles con
sistent en assises calcaires peu épaisses, qui a
ternent avec des marnes ou argiles grises
vertes, qui paraissent être le commencement d
marnes irisées, et qui rappellent complétemen
celles qu'on voit, dans la même position, au
carrières de Réhainvillers près Lunéville. Tout
ces couches plongent vers l'Ouest d'une manié

assez prononcée. Arrivé au haut de la côte *r*, on redescend assez doucement, à l'Ouest, vers Saltzbrunn sans rencontrer autre chose que les marnes irisées, qui, par conséquent, paraissent se trouver superposées au muschelkalk. Le hameau de Saltzbrunn tire son nom d'une source salée, pour la poursuite de laquelle un puits a été creusé autrefois sous la surveillance de M. Gillet-de-Laumont. Ce puits, qui a 85 pieds de profondeur, est creusé presque entièrement dans un gypse gris salé, qui appartient à la formation des marnes irisées, et très-probablement à leur partie inférieure, et qui, dans ce cas, serait l'équivalent exact des gypses inférieurs et du sel gemme de Vic.

A l'Ouest de Saltzbrunn, sur la rive gauche de la Sare, près de Sar-Albe, se trouve une colline de marnes irisées avec couches subordonnées de calcaire argileux, compacte et caverneux, qui appartient très-probablement aux couches moyennes de la formation des marnes irisées, et doit être supérieur au gypse de Saltzbrunn.

De là à Puttelange, le terrain est exclusivement formé par les marnes irisées, qui paraissent aussi se continuer sans aucune interruption jusqu'à Dieuze, Isming, Hellimer et Faulquemont.

§ 35. J'ai dit précédemment, § 10, que le hameau de Schönecken est bâti sur des couches Grès bigarré et muschelkalk entre d'un grès friable, qui appartiennent à la partie inférieure du grès des Vosges, ou au grès rouge des Allemands (*rothe-todte-liegende*) et au-dessous desquelles des travaux de recherche ont atteint la formation houillère. Ces mêmes couches de grès friable constituent le sol des plaines qui, de Schönecken, s'étendent vers le S.-E., le S. et le S.-O., et notamment celle qu'on traverse pour aller de Schoënecken à Forbach, et de Forbach au pied de la première côte que rencontre la route qui conduit à Sarguemine. Le profil de cette côte, qu'on peut facilement étudier dans les fossés qui bordent la route, dans des déchiremens naturels et dans une carrière, m'a paru présenter beaucoup d'intérêt, à cause des indications qu'il fournit sur les rapports mutuels du grès des Vosges et du grès bigarré. La partie inférieure de la côte est formée par les couches moyennes et supérieures du grès des Vosges, contenant en quelques points des galets de quarz blanc et rougeâtre et traversées par de petits filons ferrugineux. Les grains quarzeux qui composent le grès sont quelquefois un peu gros et à surface irrégulière, quelquefois plus fins, et présentent des facettes miroitantes. Dans les assises les plus élevées, on trouve des veines d'une argile un peu micacée, d'une couleur rouge amaranthe foncée, marbrée de gris bleuâtre; le grès lui-même ne m'a pas présenté de mica, et sa couleur est jusqu'en haut le rouge de brique, propre au grès des Vosges sans passage au rouge amaranthe, propre au grès bigarré; ses couches plongent légèrement au S.-E.

Elles sont recouvertes à stratification discordante par un lit de rognons *a*, Pl. III, *fig.* 5, de *dolomie*, qui plonge aussi au S.-E., mais sous un angle plus grand que les couches du grès des Vosges. Ces rognons de dolomie renferment une grande quantité de grains de quarz tout-à-fait pareils à ceux qui constituent le grès des Vosges, sur lequel ils reposent. Cette dolomie est d'un jaune pâle dans l'intérieur des rognons, et passe au rouge en approchant de leur surface; la cassure est légèrement cristalline, et brille de l'éclat nacré propre à la dolomie; le moindre essai chimique lève d'ailleurs tous les doutes quant à la présence et à la forte proportion de la magnésie.

Ces rognons de dolomie sont enveloppés et en partie recouverts par une argile sableuse d'un gris violacé, contenant beaucoup de petites paillettes de mica, et dont certaines parties sont agglutinées en rognons irréguliers par un ciment dolomitique.

Au dessus de cette couche de sable argileux,

dont l'épaisseur n'est que de quelques décimètres, se trouve un nouveau lit de rognons
dolomitiques analogue au premier. La même
alternative de rognons dolomitiques et de sable
argileux se répète plusieurs fois sur une épaisseur d'environ deux mètres.

La partie la plus élevée de ce système est
formée par des rognons de dolomie, qui contiennent non-seulement des grains de sable
comme les précédens, mais des fragmens irréguliers de quarz de diverses grosseurs et la plupart translucides et incolores; ces fragmens
quarzeux sont, pour ainsi dire, le prélude du grès
bigarré, qui commence immédiatement au-dessus
par des couches d'un grès quarzeux, très-grossier, formé de grains amorphes et irréguliers
de quarz incolore, réunis par un ciment peu
abondant, dont la couleur varie d'un point à
l'autre et est souvent violacée ou ocreuse;
on y voit de petites veines amygdalines d'argile
violette et bleuâtre; à mesure qu'on s'élève dans
les couches superposées les unes aux autres,
on voit la couleur rouge amaranthe devenir
plus constante, et le grain du grès devenir de
plus en plus fin et régulier; on en trouve une
couche, entre autres, dont le grain est à-peu-près
de la même grosseur que celui du grès des
Vosges et qui présente de même beaucoup de

grains à surface miroitante, mais en s'élevant plus haut on voit le grain du grès devenir encore plus fin et plus terreux ; on y voit aussi paraître en abondance des paillettes minces de mica argentin, propres au grès bigarré et si rares dans le grès des Vosges. Dans toute cette partie inférieure du grès bigarré, les couches sont fort épaisses ; on y a ouvert une carrière de pierres de taille ; dans les parties supérieures de la carrière, les paillettes de mica deviennent plus abondantes et prennent constamment une direction parallèle à la stratification du grès, ce qui lui donne une disposition schisteuse ; cette disposition augmente avec l'abondance du mica, dans les couches encore plus élevées, que les fossés de la route mettent à découvert en approchant du sommet de la côte. On voit aussi dans ces dernières couches la couleur gris bleuâtre se mélanger par grandes taches à la couleur amaranthe. Enfin, au sommet de la côte, on trouve une petite carrière, ouverte sur des couches tout-à-fait fissiles de grès en partie amaranthe, en partie gris bleuâtre, et en partie d'un jaune ocreux : cette dernière variété, présente un grand nombre d'empreintes végétales (calamites).

Il est aisé de reconnaître, dans la série qui vient d'être indiquée, toutes les couches dont se compose ordinairement dans ces contrées la formation du grès bigarré; on voit qu'elles sont séparées du grès des Vosges par une assise de sable argileux micacé, d'un gris violacé, contenant des rognons de dolomie, qui repose à stratification discordante sur la surface du grès des Vosges: il semble que par là le grès bigarré se sépare nettement du grès des Vosges.

On pourrait, au premier abord, trouver dans les rognons de dolomie dont il vient d'être question, la représentation du calcaire magnésien de l'Angleterre et du zechstein de la Thuringe. Mais si on réfléchit qu'en un grand nombre de points des Vosges, M. Voltz a signalé des rognons, ou même des couches d'une dolomie tout-à-fait analogue à la jonction du grès des Vosges proprement dit, et des couches friables de sa partie inférieure, qui paraissent représenter exactement le rothe-todte-liegende de la Thuringe, on verra que ces rognons de dolomie ne sont que des accidens locaux, et que si dans les Vosges il existe une formation parallèle aux zechstein, ce ne peut être que le grès des Vosges lui-même, qui sépare, l'un de l'autre, les deux gisemens de dolomie dont je viens de parler.

A partir du haut de la côte dont je viens de faire connaître le profil, la route de Sarguemine est tracée pendant une certaine longueur sur le grès bigarré. Dans une carrière située au village d'Esseling, on trouve aussi des empreintes végétales; mais elles sont dans une couche d'un jaune sale, ce qui est la couleur ordinaire du grès bigarré impressionné.

Près du village d'Esseling, on voit les couches supérieures du grès bigarré passer à une marne schisteuse bleuâtre, qui contient des couches subordonnées d'un calcaire compacte ou légèrement subsaccharoïde (dolomie?), d'un blanc jaunâtre, qui sont le commencement du muschelkalk, qui forme les collines environnantes. On voit ainsi, de la manière la plus claire, la superposition et les relations de ces deux formations. Ces couches, situées à leur jonction, présentent dans cette contrée, comme à Sierk et à Dalheim, des amas de gypse, qui sont l'équivalent du second gypse de la Thuringe, et qui diffèrent entièrement, par leur position, du gypse si répandu en Lorraine, en Alsace et en Franche-Comté, dans les marnes irisées supérieures au muschelkalk. Le muschelkalk des collines que je viens de citer consiste, comme cela a lieu le plus souvent, en un calcaire compacte gris de fumée, contenant divers fossiles. Certaines couches sont oolithiques et blanchâtres.

§ 36. Le vieux château de Forbach est bâti sur un monticule formé par les couches moyennes de la formation du grès des Vosges. Elles sont, comme à l'ordinaire, assez solides, traversées par de petits filons ferrugineux, et contiennent, quoique en petite quantité, des galets de quarz rougeâtre et de quarz blanc.

Grèsbigarré, muschelkalk et marnes irisées entre Forbach et Puttelange.

Les collines situées plus au midi et sur le penchant desquelles est bâti le village d'Öttingen, Pl. III, *fig.* 6, sont formées à leur pied par le grès bigarré, dont les couches plongent de 5 à 6 degrés vers le S., et vers le haut par le muschelkalk, qui repose sur le grès bigarré, et qui se lie à lui de la manière que j'ai indiquée ci-dessus en parlant des environs d'Esseling, § 35.

Le muschelkalk consiste ici, comme dans le plus grand nombre des cas, en un calcaire compacte gris de fumée, présentant différens accidens et renfermant divers fossiles, notamment la terebratula vulgaris ou subrotunda, l'ammonites semi-partitus, le mytilus eduliformis, etc. ; ses couches plongent vers le midi. En avançant vers Tenteling et Metzing, on parcourt d'abord un terrain formé exclusivement par le muschelkalk, puis on rencontre des lambeaux de marnes bleuâtres et rouges, qui se divisent à l'air en petits fragmens à surface conchoïde, et qui appartiennent à la formation des marnes irisées, superposée au muschelkalk.

A Metzing, on quitte tout-à-fait le muschelkalk pour entrer sur un sol formé exclusivement par les marnes irisées. Près de ce village on voit, dans ces marnes, des couches subordonnées d'un grès jaunâtre, schistoïde, un peu micacé, à grain fin et un peu terreux, d'un calcaire compacte jaunâtre, à cassure un peu esquilleuse et d'un calcaire très-caverneux, couches qui, comme je l'ai déjà indiqué plus d'une fois, se trouvent toujours vers le milieu de l'épaisseur des marnes irisées, dans les lieux où cette épaisseur se montre tout entière.

De Metzing à Puttelange, on ne voit que les marnes irisées, et il est très-probable qu'elles s'étendent sans interruption jusqu'au pied des côtes élevées, ce qu'on voit vers le S.-O., du côté de Hellimer, et que ces dernières présentent, à leur partie supérieure, un lambeau du grès inférieur du lias ou même des couches calcaires de cette formation.

§ 37. Creutzwald, village situé à trois lieues au S. de Sar-Louis, est connu par les mines de fer qui s'exploitent dans ses environs; le terrain y est formé par des couches d'un grès friable, ou plutôt d'un sable presque incohérent, tantôt rougeâtres, tantôt jaunâtres, dépourvues de galets arrondis, qui appartiennent à la partie inférieure du grès des Vosges. Ces couches sont traversées, comme l'est en général toute la masse de cette

Grès bigarre, muschelkalk et marnes irisées entre Creutzwald et Bouzon-ville.

formation, par un grand nombre de petits filons, dans lesquels les grains quarzeux du grès se trouvent fortement agglutinés par un ciment très-abondant de fer hydraté. En quelques points, ces petits filons deviennent assez nombreux et assez riches pour être exploités comme minérai de fer, soit dans les dépôts formés par lavage naturel, qui couvrent quelques points de la surface du sol, soit en place.

En allant de Creutzwald à Dalheim, village situé à une lieue plus à l'O., on marche constamment sur diverses couches de la formation du grès des Vosges. Près du moulin de Flash, on voit des rochers P, Pl. III, *fig.* 7, formés par des couches légèrement inclinées vers l'O. d'un grès quarzeux rougeâtre, contenant des galets arrondis de quarz blanc ou rougeâtre. Ces couches appartiennent à la partie moyenne du grès des Vosges; elles reposent immédiatement sur les couches friables citées plus haut.

On peut monter de Dalheim sur le plateau de Tromborn par un ravin assez profond, qui montre à nu les diverses couches qui se succèdent depuis les assises inférieures du grès bigarré, qui se montrent aux environs de Dalheim, jusqu'aux assises supérieures du muschelkalk, sur lesquelles est bâti le village de Tromborn. Les assises supérieures du grès bigarré passent à des marnes un peu schisteuses, verdâtres ou rouges, contenant des veines d'un gypse blanc fibreux, qui paraît être l'équivalent géologique du second gypse de la Thuringe. Sans parler de leur position géologique, ces marnes gypsifères se distinguent aisément des marnes irisées par leur schistosité et par la présence d'une grande quantité de petites paillettes de mica pareilles à celles qu'on trouve habituellement dans les assises supérieures du grès bigarré. Ces marnes ressemblent tout-à-fait à celles que j'ai indiquées, § 13, dans la partie supérieure du grès bigarré, entre Bains et Fontenois, où on les emploie à faire des briques. En continuant à monter dans le ravin dont nous parlons, on voit ces mêmes marnes passer à un calcaire grisâtre ou verdâtre, marneux et schistoïde, qui forme les premières assises du muschelkalk. On marche ensuite jusqu'à Tromborn sur des assises de plus en plus élevées de cette formation calcaire, qui se présente ici avec ses caractères les plus ordinaires et avec ses fossiles accoutumés (ammonites nodosus, mytilus eduliformis, terebratula vulgaris, encrinites liliformis).

Le plateau étroit sur lequel est bâti le village de Tromborn s'alonge dans la direction du N.-N.-E. au S.-S.-O.; il présente une pente très-rapide vers l'E.-S.-E., et s'abaisse au contraire en pente beaucoup plus douce vers Bouzonville, dans la direction de l'O.-N.-O., qui est celle de l'inclinaison des couches du muschelkalk. En se dirigeant vers Bouzonville, on voit bientôt paraître sur la surface du muschelkalk quelques lambeaux de marnes irisées, restes des couches inférieures de cette formation ; et enfin, aux environs de Bouzonville, le muschelkalk cesse de paraître au jour, et les marnes irisées constituent entièrement la surface du sol.

§ 38. Les dernières localités que nous venons de citer ne font pas réellement partie du système des Vosges, mais se groupent plutôt autour des pentes du Hundsrück. Nous n'en avons parlé que pour avoir de nouvelles occasions de faire connaître les rapports qui existent entre les formations du grès bigarré, du muschelkalk et des marnes irisées. Le même motif nous conduit à donner quelques détails sur les environs de Sierk et de Luxembourg.

Roches quarzeuses de transition de Sierk.

La petite ville et le vieux château de Sierk sont bâtis au bord de la Moselle, près de sa sortie du territoire français, sur des proéminences escarpées, formées par des roches quarzeuses T, Pl. III, *fig.* 8, qui, à peu de distance, forment des collines d'une certaine élévation, dans les flancs desquelles sont ouvertes de nombreuses carrières de pavés, de dalles, etc.

Les couches de ces roches quarzeuses sont dirigées moyennement du N.-E. au S.-O., et plongent vers le S.-E. sous un angle qui varie de 20 à 40 degrés. D'après cela, elles se trouvent à peu-près, quant à la direction, dans le prolongement des couches de roches quarzeuses qu'on voit dans la partie la plus rapprochée du Hundsrück, près de Mettloch. Elles sont généralement plus ou moins schisteuses. Elles consistent en un grès quarzeux, un peu micacé, à ciment quarzeux, qui adhère si bien aux grains, qu'il les rend souvent presque indistincts, et fait alors passer la roche au quarz compacte. La couleur est un rouge violacé, mêlé de taches d'un blanc bleuâtre. Les plans de séparation des couches ou des feuillets sont couverts de mica d'un rouge pâle et violacé. Quelques couches se réduisent à des espèces d'amandes de grès quarzeux enveloppées dans une sorte d'argile schisteuse rouge micacée. Ces couches ont de grands rapports de structure avec le marbre de Campan.

Je n'ai pas trouvé de fossiles dans les roches quarzeuses de Sierk. Elles me paraissent avoir de très-grands rapports avec le grès de Mai, près Caen, qu'on rapporte généralement au grès rouge ancien des Anglais. On pourrait aussi les rapprocher des roches quarzeuses de Cherbourg.

Dans tous les cas, on ne peut les faire sortir des terrains de transition.

Les roches quarzeuses de Sierk sont immédiatement recouvertes par un grès quarzeux H rougeâtre, avec des taches bleuâtres, assez solide, dont les fissures de stratification sont couvertes de paillettes de mica minces et translucides, dont les couches plongent légèrement au S.-E., et qui se rapporte évidemment au *grès bigarré*. Dans sa partie supérieure, ce grès bigarré devient marneux et passe à une marne tantôt rouge, tantôt bleuâtre ou grisâtre, qui est toujours un peu schisteuse, et qui, par là, se distingue même, indépendamment de toute autre considération, des marnes irisées. Dans cette marne, se trouvent des amas *g* de gypse blanc ou rougeâtre, compacte ou fibreux, qu'on exploite comme pierre à plâtre, et qui paraît correspondre proprement au second gypse de la Thuringe.

Un peu au-dessus du gypse, on voit commencer le muschelkalk K, qui recouvre évidemment le système précédent. Les premières couches sont formées d'un calcaire gris, compacte et celluleux, et d'un calcaire jaunâtre, subsaccharoïde, et contenant un grand nombre de petites coquilles peu distinctes. Dans le reste de la masse du muschelkalk, qui est ici très-épais, je n'ai pas trouvé de fossiles. Il est constamment jaunâtre ou grisâtre, et subsaccharoïde, à petites facettes très-brillantes, souvent un peu oolithique, quelquefois un peu celluleux, et quelquefois parsemé de points verts ou noirs. Ces caractères, très-différens de ceux du muschelkalk ordinaire, se rapprochent de ceux du muschelkalk des environs de Bourbonne. Il est du reste indubitable, d'après sa position, que le calcaire de Sierk, quelque singulier qu'il soit, appartient à la formation du muschelkalk. Il est magnésifère.

On va de Sierk à la Haute-Cierque par des vallons, ou plutôt des ravins bordés d'escarpemens du muschelkalk, qui conserve les caractères indiqués ci-dessus.

Le village de la Haute-Cierque est bâti sur la partie supérieure du muschelkalk, dont les couches plongent légèrement au S.-E., et à peu de distance au S.-E. de ce village, on trouve le sol, composé de marnes bleuâtres et rougeâtres se désagrégeant en petits fragmens, dont les surfaces présentent des formes conchoïdes, qui sont le commencement des marnes irisées, qu'on voit ici bien clairement être supérieures au muschelkalk. De ce point à Bouzonville, on marche toujours sur les marnes irisées.

§ 39. Le muschelkalk des environs de Trom- Marnes irisées au nord de Luxembourg.

born et de Sierk se prolonge au loin vers le nord, et se retrouve à Greven-Macheren, dans la vallée de la Moselle. Tout indique qu'il occupe une position intermédiaire entre le grès bigarré des environs de Trèves et les marnes irisées des environs de Luxembourg. On y exploite des carrières de pierre à chaux, dont la chaux, grasse, contraste avec la chaux maigre et hydraulique que donne le lias des environs de Luxembourg. Je n'ai pu observer, ni ce calcaire, ni le grès bigarré de Trèves; mais j'ai eu occasion de voir les marnes irisées d'Elmsingen et les carrières de gypse qui y sont ouvertes, et je vais entrer dans quelques détails à leur sujet.

A partir de Bereldingen (1 lieue N. de Luxembourg), la vallée de l'Alzette, qui, au-dessus, est creusée uniquement dans le grès inférieur du lias (l'un des trois quadersandstein des Allemands), commence à entamer les marnes irisées qui le supportent. Entre Elmsingen et Heisdorf, sur le flanc droit de la vallée, se trouvent des carrières de gypse assez considérables, ouvertes dans des amas de cette substance renfermés dans les marnes irisées. Ces amas sont les masses les plus basses (géologiquement) que j'aie vues dans le pays de Luxembourg. N'ayant pas descendu la vallée plus bas, je ne sais pas si on y voit les marnes irisées reposer sur le muschelkalk. Au-dessus des amas gypseux, on voit une assez grande épaisseur de la formation des marnes irisées, mise parfaitement à découvert par les ravins qui la déchirent. Elle se compose de marnes lie de vin et bleuâtres, se divisant en petits fragmens anguleux, sans aucune disposition schisteuse, qui forment la masse principale et renferment diverses couches de calcaire compacte gris ou jaunâtre, un peu esquilleux, très-magnésifère, de calcaire celluleux, de marnes noires feuille-tées, de grès marneux un peu micacé, bleuâ-tre, etc. Je crois, d'après l'analogie des couches subordonnées avec celles que j'ai vues dans les marnes irisées en quelques autres lieux, que les amas de gypse d'Elmsingen occupent, dans la for-mation des marnes irisées, un niveau relatif très-bas, et se trouvent à peu de distance du muschel-kalk. La partie supérieure des marnes irisées présente une couche épaisse de marnes vertes non feuilletées, qui est immédiatement recou-verte par une assise de marnes noires très-schis-teuses, qui paraissent être la première assise de la formation du lias. Ces marnes noires sont ac-compagnées par un calcaire compacte, bleu, à cassure un peu inégale, présentant des points spathiques, de petites entroques, des plagiosto-mes, etc., et qui paraît devoir être considéré comme une première couche de calcaire à gryphées arquées, dont la masse principale se trouve au-dessus du grès qui vient immédiatement après la couche calcaire citée ci-dessus. Ce grès, qui est ici fort épais, s'élève jusqu'au niveau des plateaux qui bordent la vallée à droite et à gauche. Il renferme des bancs coquilliers. Parmi les fossiles qu'il renferme, on remarque des ammonites différentes de celles du muschelkalk, et des pines marines, qui sont également étrangères au muschelkalk, et se trouvent, au contraire, dans le calcaire à gryphées. Cette observation, jointe à la présence d'un des plagiostomes du lias dans la couche de calcaire bleuâtre, qui se montre à la partie inférieure du même grès, m'a fait conclure que ce grès est en connexion plus intime avec le calcaire à gryphées arquées qui le recouvre, qu'avec le muschelkalk et les marnes irisées, et m'a conduit à l'appeler grès inférieur du lias, comme l'a déjà proposé M. Keferstein.

(Vallée de la Seille.)

Situation de la vallée de la Seille.

§ 40. La Seille sort de l'étang de Lindre, situé un peu à l'E. de Dieuze, et va se jeter, à Metz, dans la Moselle, après avoir arrosé Dieuze, Marshal, Moyenvic, Vic, Petoncourt, etc. Jusqu'au-delà de Petoncourt, la Seille coule sur les marnes irisées, et il en est de même de toutes les petites rivières qui viennent la grossir, depuis sa source jusqu'à ce village; mais les plateaux qui s'élèvent entre cette rivière et ses affluens sont souvent formés par une épaisseur plus ou moins grande de couches arénacées ou calcaires, supérieures aux marnes irisées, et qui appartiennent à la formation du lias.

Toutes les couches qui se montrent dans la vallée de la Seille, et toutes celles qui ont été atteintes par les travaux souterrains exécutés à l'occasion de la découverte faite, en 1819, d'un grand dépôt de sel gemme, qui s'étend au-dessous de son sol et même beaucoup en delà de ses limites, sont maintenant parfaitement connues, tant en elles-mêmes que dans leur ordre de superposition. Elles ont été décrites par plusieurs géologues qui ont eu occasion de les examiner avec beaucoup plus de détail que je n'ai pu le faire moi-même dans les deux courses rapides que j'y ai faites en 1821 et en 1825 (1).

---

(1) Voyez particulièrement la *Notice géognostique sur les environs de Vic*, publiée par M. Voltz, ingénieur au Corps royal des Mines, dans les *Annales des Mines*, t. VIII, p. 229, ainsi que la note additionnelle qui contient la description des couches traversées par le puits Becquey. Voyez aussi l'ouvrage allemand, intitulé : *Geognostiche umrisse der rheinländer zwischen basel und mainz mit besouderer rucksicht, auf das vorkommen des steinsal-*

Je ne m'arrêterai donc pas à les décrire ; mais je crois qu'il ne sera pas inutile de consigner ici quelques remarques sur le rang qu'occupent plusieurs d'entre elles dans la série géognostique, et je vais indiquer brièvement de quelle manière elles me paraissent devoir être rapprochées de celles que j'ai décrites précédemment dans des localités où leur position géognostique ne pouvait être l'objet d'aucune discussion. Je me range à l'opinion de M. Voltz relativement aux deux assises supérieures du terrain qu'il rapporte au lias et au quadersandstein ; mais je crois que toutes les couches inférieures, tant celles qui se montrent au jour sur les flancs de la vallée de la Seille, que celles qui ont été reconnues par les sondages et les travaux souterrains exécutés à Vic, se rapportent sans exception à la formation des marnes irisées, décrites, pour la première fois, par M. Charbaut, dans les *Annales des Mines*, tom. IV, pag. 585, et sont supérieures aux formations du muschelkalk, du grès bigarré et du gypse ancien de la Thuringe, auxquelles M. Voltz rapporte les plus basses.

Pour classer cet ensemble de couches, je prends pour point de repère le système de couches cal-

---

zes ; publié par MM. d'Oeynhausen, de Dechen et de la Roche.

caires et de couches de grès situé vers le milieu
de son épaisseur, à l'orifice du puits Becquey,
et que M. Voltz décrit, pag. 241 à 246, sous le
nom de calcaire inférieur et de grès bigarré, n^{os}.
6, 7 et 8. Il m'a paru que ce système était identique avec celui que j'ai signalé dans les § 19,
20, 21, 22, 23 et 28, comme se rencontrant au
milieu de l'épaisseur des marnes irisées, sur les
flancs des collines des environs de la Marche,
de Bourbonne-les-Bains, de Noroy, de Charmes,
et vers le haut de la côte d'Essey.

Le grès n°. 8, qui se montre à l'entrée des travaux souterrains de la mine de Vic, et que
M. Voltz décrit, p. 245 et 246, sous le nom de
grès bigarré, ressemble en effet beaucoup à celui
qu'on désigne généralement sous ce nom;
cependant si on l'examine de très-près, on reconnaît que son grain est plus terreux que ne
l'est ordinairement celui du grès bigarré; que
dans les parties de couleur bigarrée, le mélange
de couleurs a plutôt lieu par petites mouchetures
que par taches assez larges, comme dans le grès
bigarré, et qu'en outre les parties violettes y
sont d'un violet plus foncé. On retrouve ces
mêmes couches de grès hors des travaux souterrains en différens points, qui en sont plus
ou moins éloignés.

Entre Vic et Moyenvic, dans la vallée de la

Seille, on trouve, à quelques mètres au-dessus du niveau de cette rivière, un grès à grain fin , presque friable, un peu schisteux et micacé, tantôt rouge, tantôt d'un gris jaunâtre., avec de petites taches vertes et de très-petites taches noires. Il renferme des débris charbonneux, qui forment quelquefois de petites couches, mais qui sont tellement mélangés de matières terreuses qu'ils peuvent à peine brûler ; on y a vainement cherché des couches réglées d'un combustible exploitable ; toutefois il me paraît évident que ce gisement est à très-peu près l'équivalent de celui dans lequel on exploite la couche de combustible de Noroy citée plus haut, § 23.

A environ un quart de lieue au S. de la mine de Vic, M. Levallois m'a montré une petite carrière ouverte dans ce même grès. Il y est d'un gris jaunâtre, d'un grain fin et terreux, légèrement schisteux, et présente sur les surfaces des feuillets un grand nombre de paillettes de mica grisâtre, encore plus petites et plus minces que celles qui se rencontrent dans le grès bigarré; ce grès présente des empreintes végétales difficiles à déterminer, et qui paraissent se rapporter soit au genre calamites, soit au genre equisetum, mais qui semblent appartenir à une espèce différente de celle qui se rencontre si fréquemment dans le grès bigarré de ces contrées. Des empreintes végétales très-nombreuses et que je crois en partie analogues aux précédentes, ont été trouvées en divers points dans le grès des marnes irisées, notamment à Bussières-les-Belmont, par M. Lacordère.

L'affleurement de ce grès se trouve à quelque distance au S. de celui d'une couche, de quelques mètres d'épaisseur, d'un calcaire compacte, grisâtre, maigre au toucher, à cassure esquilleuse, très-magnésifère, et complétement analogue à celui dont j'ai indiqué plusieurs fois l'existence vers le milieu de l'épaisseur des marnes irisées. Le grès paraît s'enfoncer dessous. Ce calcaire se montre au jour en différens points des environs de Vic, notamment près le village de la Rochette sur la route de Vic à Lunéville, au S. de Vic sur la route d'Invrecourt, et dans l'enceinte qui renferme l'entrée des puits de la mine de sel gemme. Mais c'est surtout dans les puits eux-mêmes qu'on a pu parfaitement reconnaître la position de ce calcaire, que M. Voltz appelle calcaire n°. 6, au-dessus du grès précédent, qu'il désigne sous le n°. 8, et dont il est séparé par une couche de marne grise friable, n°. 7. Au-dessous du grès n°. 8, on a trouvé, en fonçant les puits, une couche de 0^m,5o d'épaisseur d'un calcaire analogue à celui n°. 6, circonstance que j'ai vue se reproduire en plusieurs points des environs de Bourbonne et ailleurs, où le grès et le calcaire magnésifère du milieu des marnes irisées ne se réduisent pas toujours à une couche unique, mais où la couche principale est souvent accompagnée de petites couches accessoires, dont l'ordre n'est pas constant.

Il y a, dans l'aspect général, la structure et la disposition générale d'une série de couches minérales, tant de choses dont on ne peut donner une idée complète dans une description écrite, sans tomber dans des longueurs qui en rendent la lecture presque impossible, qu'après avoir brièvement indiqué les points de rapprochement qui me paraissent exister entre les grès et les calcaires magnésifères de l'entrée de la mine de Vic, et ceux que j'ai constamment indiqués vers le milieu des marnes irisées, je me borne à en appeler au jugement que portera sur l'identité de ces couches tout observateur qui aura visité Vic et l'une des localités que j'ai décrites plus haut.

M. Voltz dit, page 243, qu'il a retrouvé le calcaire n°. 6 jusqu'au village d'Essey-la-Côte, où il est recouvert par le grès n°. 3 (grès inférieur du lias, quadersandstein). En effet, à la côte d'Essey, la portion supérieure des marnes irisées qui sépare notre calcaire magnésifère du

lias se réduit à une très-petite épaisseur; tandis
que la partie inférieure qui sépare le même
banc du muschelkalk proprement dit, qui forme
les plaines environnantes, et qui y est caractérisé
par les fossiles propres à cette formation, est au
contraire très-développée. J'ajouterai encore ici
que les couches qui, dans la vallée de la Seille, se
montrent entre le lias et le calcaire compacte, esquilleux, magnésifère, n°. 6 de M. Voltz, m'ont
paru absolument identiques avec celles que j'ai
trouvées à la partie supérieure des collines des environs de Bourbonne-les-Bains, de Charmes, etc.,
entre le lias et la couche de calcaire compacte, esquilleux, magnésifère, et que de plus les couches de marnes qu'a traversées le puits Becquey,
par leur disposition souvent un peu schisteuse
et leur passage fréquent à la couleur grise,
me paraissent se rapprocher complétement
de celles qui, dans les parties inférieures des
mêmes collines, se trouvent comprises entre le
calcaire compacte, esquilleux, magnésifère et
la surface supérieure du muschelkalk. Les masses
gypseuses traversées par les travaux souterrains
de Vic renferment du gypse anhydre, comme
celles rencontrées dans la partie inférieure des
marnes irisées par les travaux de recherche de
Noroy, dont j'ai parlé plus haut, § 23. En un
mot, il me paraît indubitable que si, après avoir

lu attentivement la description donnée par
M. Voltz, des couches qui se montrent près de
Vic, depuis le fond de la mine de sel gemme,
jusqu'aux plateaux de lias, on se transporte
sur les plateaux de muschelkalk des environs
de la marche de Bourbonne-les-Bains ou de
Charmes, et qu'on s'élève sur les pentes des collines de marnes irisées qui le surmontent, on
ne manquera jamais d'y reconnaître ces mêmes
couches dans le même ordre. Il me paraît donc
évident que les masses de sel gemme de Vic se
trouvent renfermées dans les couches les plus
anciennes des marnes irisées.

Liaison des marnes iri-sées de la vallée de la Seille avec celles des localités dé-crites plus haut.

La disposition générale des terrains dans la
contrée qui nous occupe s'accorde complétement
avec la manière de voir que je viens d'énoncer.
Si l'on supprimait par la pensée les lambeaux de
lias qui forment des plateaux isolés à l'E. de Moh-
range, de Château-Salins et de Rosières-aux-Sa-
lines, le terrain dans lequel est creusée la vallée
de la Seille, au-dessus de Petoncourt, se prolon-
gerait sans interruption au N., à l'E. et au S. jusqu'à une distance de plusieurs myriamètres. Cette
étendue de pays formerait, non un bassin, complétement fermé, mais une espèce de golfe, dont
le fond ondulé serait entièrement formé par les
marnes irisées, et qui s'avancerait vers l'E.-N.-E.
dans une sinuosité du muschelkalk. Ce calcaire,

qui représente ici le rivage, constitue, sur les bords de l'espace dont nous parlons, une sorte de ceinture qui embrasse à-peu-près les trois quarts de l'horizon de Vic.

Quelle que soit la ligne suivant laquelle on se dirige de Vic vers cette ceinture, on ne rencontrera, avant de l'atteindre, aucune roche qu'on puisse distinguer de celles qui se trouvent comprises entre le lias et les bancs les plus profonds de sel gemme, et on laissera successivement derrière soi les affleuremens de toutes ces couches. Les dernières qu'on rencontrera présenteront les plus grands rapports avec celles qui alternent avec le sel gemme, et l'on verra les couches supérieures du muschelkalk, présentant les fossiles les plus caractéristiques, sortir de dessous leur affleurement. J'ai déjà indiqué cette disposition en décrivant les environs de Lunéville et quelques points de la vallée de la Sare : elle suffirait seule pour prouver que le sel gemme de la vallée de la Seille forme des masses intercalées dans les assises des marnes irisées les plus voisines du muschelkalk, auquel elles sont supérieures, et qui les sépare nettement et complétement du grès bigarré. Cette manière de les placer dans la série géognostique, que j'ai discutée plusieurs fois avec différens géologues depuis mon premier voyage à Vic, en 1821, a encore en sa faveur de se trouver d'accord avec l'opinion que MM. d'Oyenhausen, de Dechen et de la Roche, en 1823, et M. Keferstein, en 1825, ont adoptée, de leur côté, en visitant Vic, et qu'ils ont appuyée par des rapprochemens tirés de la comparaison de cette localité avec des contrées que je n'ai pas visitées.

Les faits exposés ou rappelés dans les pages précédentes montrent que la formation des marnes irisées est extrêmement constante dans la nature, le nombre et l'ordre de superposition des couches qui la composent. Sa stratification, généralement très-régulière, ne se dérange, dans les parties visibles à la surface, qu'à l'approche des amas de gypse qu'elle renferme. On voit constamment ses couches s'arquer et se contourner d'une manière souvent très-brusque autour de ces amas. Cette disposition, dont la constance est remarquable, me paraît être une des circonstances qui méritent le plus d'être prises en considération par les géologues qui s'occuperont de remonter à l'origine des gypses que présentent les marnes irisées. Peut-être n'y avait-on pas fait assez d'attention lorsqu'on a dit en termes généraux que ces gypses étaient dus à l'évaporation graduelle d'une grande masse d'eau chargée de sulfate de chaux, hypothèse qui n'aurait quelque chose de plausible qu'autant que le gypse formerait des couches continues, ou se trouverait disséminé uniformément dans certaines couches des marnes irisées. Je ferai remarquer en même temps que les observations faites non-seulement en Lorraine, mais dans plusieurs autres contrées, s'accordant à présenter le gypse et le sel gemme comme deux substances en quelque sorte satellites l'une de l'autre, il faudra qu'on donne de leur existence dans un terrain une explication commune, et que, d'après ce qui précède, il paraît très-hasardé d'attribuer l'origine du sel gemme à l'évaporation d'une grande masse d'eau salée.

(*Vallée du Rhin.*)

§ 41. J'ai déjà dit plus haut, § 3, que le grès des Vosges forme, le long de la plaine dans laquelle coule le Rhin, une ligne d'escarpemens qui règne sans interruption depuis les environs de Landau jusqu'à peu de distance de Thann, et qui donne naturellement l'idée d'une faille, par suite de laquelle les assises de roches situées à l'O. de cette ligne se trouvent à un niveau plus élevé que les assises pareilles situées à l'E. Tout le long de cette même ligne, il y a une discontinuité de stratification bien prononcée entre le grès des Vosges d'une part et le grès bigarré et le muschelkalk de l'autre. Souvent le muschelkalk vient se terminer brusquement au pied des escarpemens de grès des Vosges et dans un grand nombre de cas il est bouleversé à leur approche. Par exemple, les collines qui s'étendent entre Saint-Jean-des-Choux et Saverne, en avant des Vosges, sont composées de calcaire gris compacte de la formation du muschelkalk. En sortant de Saverne par le chemin d'Otterthal, on voit sur les flancs d'une de ces collines une carrière ouverte sur des bancs épais de muschelkalk, qui plongent de près de 30° vers le N.-E., c'est-à-dire vers le pied de l'escarpement formé par le grès des Vosges, qui n'est éloigné que de quelques centaines de mètres ; en beaucoup d'autres points, et notamment près de Jægerthal, on voit de même le muschelkalk éprouver des bouleversemens plus ou moins considérables en approchant du pied de l'escarpement de grès des Vosges, qui le termine brusquement. Cette circonstance est une de celles qui ont contribué à me faire attribuer à une longue faille l'existence de la grande falaise qui termine les Vosges du côté de l'Alsace.

Les formations du grès bigarré, du muschelkalk et des marnes irisées ne pénètrent, dans les Vosges, à l'O. de cette ligne, qu'en un petit nombre de points dont je parlerai dans un article subséquent ; mais elles la bordent presque constamment du côté de l'E., et s'il y a des parties vers le midi où elles ne se voient pas, il y a lieu de penser que cela tient uniquement à ce qu'elles sont couvertes par des dépôts plus récens.

Lorsqu'on s'éloigne des Vosges, dans leur partie septentrionale, pour se diriger vers le Rhin, on rencontre les formations du grès bigarré, du muschelkalk et des marnes irisées, avec les mêmes caractères et dans le même ordre qu'en se dirigeant des Vosges vers la Moselle.

La vallée dans laquelle sont situés le haut-fourneau et les forges de Jægerthal, au N.-O. de Haguenau, est creusée presque en entier dans le grès des Vosges. Ce n'est qu'en un seul point, au-dessous du vieux château de Winstein, qu'on voit paraître dans son fond, sur une petite étendue, un massif de roches granitoïdes, parmi lesquelles on observe une très-belle syénite.

Un peu au-dessous de la forge de Jægerthal, les montagnes de grès des Vosges cessent brusquement, et la vallée n'est plus bordée que par des collines beaucoup moins élevées, composées de couches toutes différentes.

Entre la forge de Jægerthal et les usines de Rauschendwasser, on trouve, dans le flanc droit de la vallée, une belle carrière d'un grès employé comme pierre de taille, avec lequel on fait des corniches, des tablettes, et d'autres ouvrages délicats qui demandent une pierre tendre et inaltérable à l'air, ainsi que des meules à aiguiser. La partie inférieure de la carrière, qui n'est pas très-élevée au-dessus du fond de la vallée, montre des bancs très-épais d'un grès de couleur rouge, à grain fin, très-homogène et présentant très-peu de fissures. La stratification est plus marquée vers la partie supérieure; enfin, tout au haut de l'escarpement on voit alterner des couches rouges et verdâtres assez minces, qui sont schisteuses et peu cohérentes. Les couches que présente cette carrière sont à très-peu près horizontales. On n'y voit pas du tout de ces galets de quarz si fréquens dans le grès des Vosges. Elles me paraissent se rapporter toutes à la formation du grès bigarré.

Le même grès se montre dans la vallée de Niederbronn, peu éloignée de celle de Jægerthal, à laquelle elle se réunit à Reichsofen. Vis-à-vis l'église de Niederbronn, le flanc droit de la vallée est taillé dans un grès à grain fin et un peu terreux, qui forme des couches à-peu-près horizontales, légèrement inclinées au S.-E., et présente toutes les variétés de couleur et de texture déjà indiquées comme étant propres à la formation du grès bigarré, et particulièrement à ses assises supérieures.

Couches de dolomie dans le grès bigarré, à sa jonction avec le muschelkalk En montant par le chemin qui part de la partie S.-E. du village de Niederbronn et se dirige vers Jægerthal, on rencontre d'abord, à quelques mètres au-dessus du niveau de la rivière, des couches de grès schisteux, rouge, micacé, assez peu consistant, qui appartiennent à la partie supérieure du grès bigarré. Un peu plus haut, on trouve, en superposition sur ce grès, une dolomie stratifiée et même schistoïde, à feuillets épais et contournés en petit. Elle est d'un gris quelquefois bleuâtre ou jaunâtre, avec des veines couleur de fer hydraté ; sa cassure présente une multitude de petits rhomboïdes qui brillent d'un éclat vif et nacré. Près du point de contact, le grès et la dolomie alternent plusieurs fois par couches à-peu-près horizontales, de quelques décimètres d'épaisseur, que j'ai pu voir très-distinctement sur les deux bords du chemin, qui est creux en cet endroit. Il résulte de là que le dépôt de la dolomie a succédé immédiatement et après quelques oscillations à celui-du grès. Cette dolomie ne présente pas de fossiles ; elle paraît peu épaisse, et ne forme que les premières assises de la formation du muschelkalk, qu'on trouve un peu plus haut très-bien caractérisée. Cette formation constitue tout le plateau qui est au N.-E. de Niederbronn ; mais comme ce plateau n'offre pas de carrières, on ne peut l'y reconnaître que sur des pierres détachées. Pour trouver des carrières et des escarpemens, il **faut** redescendre dans la vallée.

En sortant de Niederbronn par le chemin de Reichsofen, on trouve, avant la Papeterie, Muschelkalk près de Niderbronn.

une carrière qui présente un escarpement de
six à huit mètres, dans lequel on peut étudier les couches moyennes et les mieux caractérisées du muschelkalk. Ces couches plongent au S.-E. sous un angle très-sensible, et,
par conséquent, s'appuient sur les couches de
dolomie que j'ai indiquées plus haut dans le chemin creux. Une foule d'autres indications qu'il
serait trop long de rapporter ici, montrent qu'en
effet elles leur succèdent presque immédiatement.
La stratification est marquée par des fissures éloi-
gnées les unes des autres de 2 à 3 décimètres. Il
y a, en outre, un grand nombre de fissures perpendiculaires à la stratification, de sorte que le
calcaire se trouve divisé en un grand nombre
de fragmens et ne forme pas de gros blocs. Ces
fissures verticales sont souvent remplies de chaux
carbonatée cristalline, qui, quand elles sont un
peu larges, forme des stalactites. Le calcaire est
de couleur gris de fumée, compacte, à cassure
conchoïde un peu esquilleuse; dans quelques
échantillons, elle est inégale et esquilleuse. On
y trouve quelquefois de petits filons, de petits
noyaux et de petites mouches isolées de chaux
carbonatée cristalline. Plus souvent encore, on y
voit des parties cristallines qui paraissent être
des fragmens de corps marins. Il offre quelquefois de petites taches d'un jaune de rouille. Certaines couches présentent, soit dans leur cas-

sure, soit en saillie, sur la surface des fragmens un grand nombre d'entroques, dont le contour circulaire est très net, et la cassure lamelleuse très-miroitante. Elles appartiennent à l'*encrinites liliformis*. On y trouve aussi beaucoup de térébratules semblables à celles que j'ai déjà citées, dans la même formation, en divers points de la Lorraine, et qui appartiennent, je crois, à la *terebratula vulgaris* ou à la *terebratula subrotunda*.

En continuant à suivre la route de Reichsofen, on trouve, près de la Papeterie, un ravin qui traverse des couches marneuses et calcaires. D'après l'inclinaison de ces couches, qui plongent vers le S.-E., et d'après d'autres inductions, on doit les regarder comme plus élevées, dans la formation, que celles dont on vient de parler, et comme se rapportant à sa partie supérieure. Au milieu des couches marneuses, on trouve des couches souvent assez minces d'un calcaire gris, compacte, avec points spathiques, renfermant diverses coquilles, parmi lesquelles on distingue le *mytilus eduliformis*. Il prend quelquefois l'aspect d'un grès à grain fin, présentant des zônes grises et d'un gris jaunâtre. Dans ce calcaire et dans les marnes qui le renferment, on trouve quelquefois des ammonites, qui me paraissent se rapporter à l'*ammonites nodosus*. On trouve aussi, au milieu des marnes, des lits composés en grande partie de masses arrondies de calcaire compacte gris, à cassure conchoïde, placées en contact les unes avec les autres, et même se pénétrant mutuellement, ou ne laissant entre elles que de la marne, que l'exposition à l'air enlève promptement de manière à laisser des masses mamelonnées. Dans ces mêmes marnes, on trouve sur le plateau, près de Niederbronn, un calcaire cloisonné, qui offre des parties compactes d'un gris jaunâtre, et un grand nombre de petits filons de chaux carbonatée, blanche, cristallisée, qui se croisent dans tous les sens. Dans les intervalles de ces petits filons, il n'y a le plus souvent que de la marne, qui, entraînée par les eaux, laisse une masse celluleuse. Cette variété accidentelle de calcaire paraît due à l'infiltration de la chaux carbonatée dans la marne fendillée ; et dans tous les lieux où se montre le muschelkalk, on la trouve à la surface de ses assises marneuses supérieures. Le plateau qui s'étend entre la vallée de Niederbronn et celle de Jægerthal est formé par le muschelkalk, et sa surface appartient aux assises supérieures de cette formation : aussi est-elle jonchée du calcaire celluleux, aussi bien que de fragmens de ce calcaire compacte à surfaces mamelonnées, dont nous avons parlé plus haut. On y trouve de même un quarz blanc celluleux, en partie coloré en jaune par du fer hydraté, et dont le mode de formation est probablement analogue à celui du calcaire cloisonné. Enfin, on y trouve un quarz compacte, d'un brun noirâtre, rubané, très-fragile, qui paraît l'équivalent des silex que j'ai indiqués dans la partie supérieure du muschelkalk de Réhain-villiers et de Fraquelsing.

On peut encore étudier la composition du mus-chelkalk en plusieurs autres points du pourtour du plateau dont je viens de parler. A-peu-près au quart du chemin qui mène de Jægerthal à Niederbronn, on trouve la carrière qui fournit la castine au haut-fourneau. Elle présente un es-carpement de 2 à 3 mètres dans un calcaire gris compacte, qui renferme beaucoup d'entroques, et appartient aux couches moyennes de la for-mation. Les couches plongent au S.-E. sous un angle assez considérable.

Si, descendant de ce même plateau dans la di-rection du S.-E., qui est celle de l'inclinaison des couches, on traverse Reichsofen pour exa-miner les coteaux qui forment le flanc gauche de la vallée à l'E. et au N. de cette petite ville, on ne retrouve plus les formations du grès bigarré et du muschelkalk. Au N. de Reichsofen, on trouve un mamelon, isolé de plusieurs côtés, sur la pente duquel un ravin met à découvert des cou-ches alternatives, à-peu-près horizontales, de marnes rouges et d'un gris bleuâtre, qui se déli-

Marnes iri-sées près de Reichsofen.

tent à l'air en fragmens anguleux, qui ne présentent aucune indication de disposition schisteuse, et qui ressemblent entièrement à celles qui, à Vic, forment la partie moyenne de la formation des marnes irisées. Sur le sommet du monticule, on trouve beaucoup de fragmens d'un grès gris ou jaunâtre, à grain fin et à cassure terreuse, qui paraît l'équivalent de celui que, dans les environs de Bourbonne-lès-Bains et en plusieurs autres points, j'ai indiqué vers le milieu de l'épaisseur des marnes irisées.

Si on revient, à l'E. de Reichsofen, examiner le coteau qui se trouve près de la maison de la douane, on y retrouve les marnes irisées, dans lesquelles on découvre de la chaux sulfatée, en partie en cristaux et en partie en grains amorphes. On y voit des couches d'un calcaire compacte, grisâtre, un peu esquilleux, argileux et magnésifère, analogue à celui dont j'ai souvent signalé une couche vers le milieu de l'épaisseur des marnes irisées de la Lorraine. On y trouve aussi un calcaire gris, grossier, celluleux, à surface tuberculeuse et hérissée de parties cristallines, analogue à celui qui porte à Vic le nom de crapaud. Vers le haut de la colline, au-dessus des marnes irisées, on trouve un grès quarzeux, non effervescent, blanchâtre, à grain fin et brillant, présentant quelquefois des veines et des zônes colorées par de l'hydrate de fer : ce grès rappelle, par ses caractères, comme par sa position, celui que j'ai indiqué, en plusieurs points de la Lorraine, comme formant la première assise de la formation du lias, et comme étant l'un des trois grès qui ont reçu des géologues allemands le nom de quadersandstein. Plusieurs des plateaux des environs sont formés par le calcaire à gryphées arquées, c'est-à-dire par les couches les mieux caractérisées de la formation du lias.

Je ne suivrai pas les formations du grès bigarré, du muschelkalk, et des marnes irisées dans les autres parties de l'Alsace où je les ai aperçues. Je renvoie à cet égard le lecteur à l'excellent ouvrage publié tout récemment par M. Voltz, ingénieur en chef des mines à Strasbourg, sous le titre d'*Aperçu de la Topographie minéralogique de l'Alsace*. Je ne me suis arrêté à décrire un des points où ces formations se montrent en Alsace, que pour faire ressortir l'identité de caractères qu'elles présentent de part et d'autre avec celles des Vosges.

(*Bassin de Wintzfelden.*)

§ 42. En dedans de la ligne d'escarpemens dont j'ai parlé au commencement du § 41, on trouve dans la partie méridionale des Vosges un bassin

Grès bigarre et muschel-
kalk du bas-
sin de Wintz-
felden.

entouré de montagnes de transition et de grès des Vosges, dont le fond est recouvert par des formations plus récentes, situées à un niveau qui, autant qu'on peut en juger sans instrumens, m'a paru être plus élevé que celui que les mêmes formations occupent sur les bords de la plaine du Rhin. Ce bassin est celui dans lequel se trouvent les villages d'Ossenbach, Wintzfelden, et au débouché duquel est bâtie la petite ville de Sultzmatt.

Au N.-E. d'Ossenbach, tout près des montagnes de grès des Vosges, on voit une carrière ouverte dans un grès à grain fin, d'un rouge amaranthe ou d'un gris bleuâtre ou verdâtre, renfermant un grand nombre de paillettes de mica, disposées parallèlement les unes aux autres et qui lui donnent une texture très-feuilletée, surtout dans les couches supérieures; ce grès se rapporte évidemment à la formation du grès bigarré. Ses couches plongent légèrement du côté du S.-O., de manière à paraître s'appuyer contre la base de la montagne de grès des Vosges qui se trouve la plus voisine. Entre Ossenbach et Wintzfelden j'ai trouvé dans les champs beaucoup de morceaux épars de muschelkalk très-bien caractérisé; j'y ai recueilli, entre autres fossiles, l'*encrinites liliformis*, et le *mytilus eduliformis*. La vue de quelques monticules rougeâtres, que je n'ai pu visiter, m'a fait penser que les marnes irisées ne sont pas étrangères à ce bassin; enfin en montant de Wintzfelden vers les mines de fer qui se trouvent à quelque distance de ce village en filons, dans le granite on trouve un calcaire bleu, tout pareil au calcaire à gryphites, et des gryphées arquées, éparses sur la surface du terrain.

(Pente méridionale des Vosges.)

§ 43. Au pied méridional des Vosges, on trouve depuis les environs de Béfort, jusqu'à ceux de Bourbonne-les-Bains, une zône de grès bigarré de muschelkalk et de marnes irisées, analogue à celle dont j'ai déjà signalé l'existence sur une grande partie du pourtour de ce système de montagnes. Cette zône est seulement ici un peu plus irrégulière, à cause de divers accidens dans la forme de la surface du sol et la stratification; cette zône a été étudiée avec détail par M. Thirria, ingénieur au Corps royal des mines en résidence à Vesoul, qui a commencé à en publier une description détaillée dans les *Annales des mines,* t. XI, p. 391 ; je n'entrerai en conséquence dans aucun détail à ce sujet, et je me bornerai à quelques observations sur l'identité de couches auxquelles nous avons donné, chacun de notre côté, des noms identiques ou différens.

Nous avons appliqué la dénomination de grès bigarré exactement aux mêmes couches.

Les couches immédiatement supérieures au grès bigarré, que M. Thirria désigne sous le nom de formation du calcaire avec argile, houille et gypse, comprennent à-la-fois celles que j'ai appelées muschelkalk, et celles que j'ai séparées du muschelkalk sous le nom de marnes irisées.

Le calcaire marneux et le calcaire à entroques, que M. Thirria décrit comme les membres inférieurs de ce système complexe, correspondent exactement aux couches auxquelles j'ai réservé exclusivement le nom de muschelkalk.

Le dépôt des argiles marneuses irisées que M. Thirria indique comme succédant au calcaire à entroques, et comme correspondant à celui que M. Charbant a décrit, dans son *Mémoire sur la géologie des environs de Lons-le-Saulnier*, sous le nom de marnes irisées, correspond également au système auquel, dans les § précédens de ce mémoire, j'ai appliqué le même nom. Les amas de gypse que contient ce dépôt aux environs de Saulnot correspondent exactement à ceux qu'on y observe dans les collines des environs de Bourbonne-les-Bains. Le dépôt de combustible fossile qui se trouve au-dessus du gypse à Gemonval, Courcelles, Gouhenans, etc., correspond à celui de Noroy, dont on retrouve des traces au-dessus des amas de gypse, dans les collines des environs de Bourbonne. A Gemonval et à Courcelles, on trouve, comme aux environs de Bourbonne, une assise de calcaire magnésifère au-dessus du dépôt de combustible. Plus haut, vient un grès, que M. Thirria désigne sous le nom de formation du troisième grès secondaire, et qui correspond à celui que j'ai indiqué précédemment comme formant la première assise du terrain de lias. Ici, comme partout ailleurs, le calcaire à gryphées arquées le recouvre immédiatement. (V. le mém. de M. Thirria, *An. des Mines*, t. XI, p. 391.)

(*Environs de Basle.*)

§ 44. Je ne me propose pas de décrire ici les environs de Basle qui font partie du système de la Forêt-Noire, et non de celui des Vosges, et qui ont été parfaitement décrits par M. le professeur P. Mérian, dans l'ouvrage intitulé : *Uebersicht der beschaffenheit des gebirgsbildungen in den umgebungen von basel.*, 1821. Je chercherai seulement à mettre le lecteur à même de comparer les descriptions que j'ai données plus haut avec celles de M. Mérian, en indiquant comment les formations qu'il fait connaître s'identifient avec celles que j'ai indiquées dans d'autres localités.

M. Mérian décrit, sous le nom d'*aelterer sandstein* (grès ancien), un grès de couleur rouge ou bigarrée, qui est, après les roches primitives de Laufenbourg, la partie la plus ancienne du terrain de la contrée. Ce grès correspond, par ses caractères aussi bien que par sa position, à celui dont j'ai parlé sous le nom de grès bigarré. Je n'oserais cependant assurer que M. Mérian n'ait pas compris anssi sous cette dénomination, d'une part, quelques lambeaux de grès des Vosges, et de l'autre quelques couches du grès des marnes irisées qui se montrent dans des positions diffi-ciles à observer.

Au-dessus du grès ancien se trouve un calcaire que M. Mérian désigne sous le nom de *rauch-grauer kalkstein* (calcaire gris de fumée), et dont les caractères minéralogiques et zoologiques sont identiques avec ceux du muschelkalk. Je dois ce-pendant avertir que je ne regarde cette identité comme hors de doute que pour le calcaire gris de fumée du voisinage immédiat de Basle. M. Mé-rian indique dans les montagnes du Jura, et no-tamment près de Wallenburg, un calcaire gris de fumée, qu'il ne sépare pas du précédent; mais j'a-voue que la contemporanéité de ces deux calcaires ne m'a pas paru évidente. Ne serait-il pas pos-sible que celui des environs de Wallenburg ne fût comme celui de la carrière de la Porte de France, à Grenoble, auquel il ressemble beaucoup, que le prolongement pur et simple de quelques-unes des

Le calcaire gris de fu-mée de Wallenburg ne corres-pond-il pas à celui de la Porte de France à Grenoble?

couches de la série oolithique, modifié dans ses caractères minéralogiques par l'effet des circonstances physiques particulières dans lesquelles il aurait été déposé *au fond d'une mer.*

M. Mérian a réuni en un seul groupe, qu'il a nommé marne bigarrée et couches subordonnées, toutes les couches qui se montrent entre le muschelkalk (*rauchgrauer kalkstein*) et les couches inférieures du calcaire oolithique. En effet, dans les environs de Basle, comme en Lorraine et en Alsace, ces couches, pour la plupart marneuses, se lient l'une à l'autre de proche en proche d'une manière très-intime. Dans la description que donne M. Mérian, on reconnaît aisément les principales assises que présente ce système dans les contrées dont j'ai plus haut esquissé la structure ; il y signale en particulier, d'une manière très-claire, le calcaire à gryphées arquées, qui forme le premier étage du lias des Anglais et le commencement d'une série dont beaucoup de convenances m'ont engagé à séparer la description de celle de la série dont je me suis occupé dans ce mémoire. Entre le muschelkalk et le calcaire à gryphées arquées, il indique une suite de couches qui me paraissent correspondre exactement aux marnes irisées de la Lorraine et de l'Alsace; je me bornerai à rapprocher des localités que j'ai décrites une seule de celles décrites par

M. Mérian. Il me semble que, par sa seule description, on reconnaît les principaux membres de la formation des marnes irisées dans la coupe qu'il donne, p. 33 et 34, du terrain des deux bords de la Birs à la Neue-Welt, près Basle.

Les couches très-développées des marnes bigarrées qu'il indique sur la rive gauche de la Birs, dans le bois de la Neue-Welt, me paraissent identiques avec celles qui se montrent à la partie supérieure des collines des environs de Bourbonne-les-Bains et dans celles des environs de Vic. La couche mince de calcaire compacte, gris jaunâtre, argileux, à cassure esquilleuse, qu'il indique sous le n°. 1 sur la rive droite de la Birs, comme inférieure aux marnes précédentes, me paraît l'équivalent du calcaire compacte, esquilleux, magnésifère, que j'ai indiqué vers le milieu des marnes irisées dans les collines des environs de Bourbonne et à l'entrée du puits de Vic.

Au-dessous du calcaire n°. 1, se trouvent successivement :

N°. 2, une argile schisteuse, fendillée dans toutes les directions, le plus souvent d'un gris verdâtre, qui diffère très-peu des couches caractéristiques des marnes irisées.

N°. 3, une marne sableuse passant à l'argile schisteuse. On y a trouvé des nids de combustible fossile et des impressions de plantes ; en quelques points, elle contient un grand nombre de paillettes de mica.

N°. 4, une couche puissante de marne sableuse avec des veines d'argile noirâtre.

N°. 5, des couches de marnes, savoir :

a, marne sableuse d'un jaune sombre, avec des nœuds et des nids d'un grès ferrugineux jaune . . . . 2 pieds et demi;

b, argile un peu schisteuse, d'un gris jaunâtre. . . . . 1 pied et demi;

c, marne noirâtre.. . . . . . . 1 pied;

d, marne d'un gris clair, de 1 pied et demi à 2 pieds;

e, marne pareille à la précédente, avec des veinules noirâtres.

Les cailloux roulés qui couvrent la surface du sol ne permettent pas d'observer les couches situées plus bas. Il me semble qu'on ne peut méconnaître, dans celles n°. 2 à 5, le système qui renferme la couche de combustible fossile de Noroy, celles de Gemonval, de Courcelles, et que j'ai indiqué, en plusieurs autres endroits, comme se trouvant constamment au-dessous de la couche de calcaire magnésifère, vers le milieu de l'épaisseur des marnes irisées. Il me paraît donc que le système du grès bigarré, du muschelkalk et des marnes irisées des environs de Basle, présente, avec le même système de couches observé sur les pentes des Vosges, une identité qui se soutient jusque dans les moindres détails. Les travaux publiés récemment par plusieurs géologues allemands montrent que cette identité se soutient sur tout le pourtour de la Forêt-Noire. (*Voyez* l'ouvrage et la belle carte de MM. d'Oeynhausen de Dechen et de la Roche, et celui de M. Alberti.)

(*Lisière N.-O. du Jura.*)

§ 45. Au milieu des bouleversemens de couches qui, depuis Vallenburg, dans le canton de Basle, jusqu'à Villebois, sur le Rhône, au-dessus de Lyon, marquent, du côté du N.-O. et de l'O., la limite extérieure du Jura, on voit paraître, en un grand nombre de points, une épaisseur plus ou moins considérable de la formation des marnes irisées, avec des caractères tout-à-fait pareils à ceux que les mêmes couches offrent sur les pentes des Vosges. Ainsi, on voit paraître les marnes irisées :

Marnes iri-
sées de Vau-
frey
(Doubs).

1°. A Vaufrey, sur les bords du Doubs, entre Sainte-Ursane et Saint-Hippolyte : j'y ai vu plusieurs couches de marnes irisées sortir de dessous le calcaire à gryphées arquées, et, parmi ces couches, j'ai remarqué particulièrement celle de calcaire compacte, esquilleux, magnésifère, que j'ai déjà signalée tant de fois vers le milieu de l'épaisseur des marnes irisées.

2°. Un peu au S. de Baume-les-Dames, sur les bords du Doubs, dans un lieu formé par le premier étage du calcaire oolithique, dont les couches paraissent avoir été fort tourmentées : on y voit paraître, sur une petite étendue, les marnes irisées, dans lesquelles on exploite une carrière de gypse, et dans lesquelles on observe une couche de calcaire compacte, esquilleux, magnésifère, dont je viens de parler. Ayant examiné ce calcaire dans le laboratoire de l'École des mines, j'ai trouvé qu'il contient des quantités de chaux et de magnésie, telles que les quantités d'oxigène qu'elles contiennent sont sensiblement égales ; c'est-à-dire que ce calcaire, quoique stratiforme, et quoique ne présentant pas les caractères minéralogiques de la dolomie, en présente la composition chimique : ce qui, d'après les recherches faites sous les yeux de M. Berthier, dans le laboratoire de l'École des mines, paraît être le cas de tous les calcaires magnésifères cités dans ce mémoire, et notamment de ceux dont la composition a été indiquée § 19, d'après des essais trop rapides et faits sur une trop petite quantité de matière pour que le résultat pût en être rigoureux quant aux quantités.

Marnes irisées de Baume-les-Dames (Doubs).

3°. A Ougney-le-Bas, sur les bords du Doubs, entre Baume–les–Dames et Besançon : M. Fénéon, aspirant au Corps royal des mines, y a

Marnes irisées d'Ougney-le-Bas (Doubs).

observé une certaine épaisseur de marnes irisées, dans lesquelles il a reconnu le gypse de la partie inférieure de cette formation, et les couches de combustible et de calcaire magnésifère de sa partie moyenne.

Marnes irisées de Beurre (Doubs). 4°. A Beurre, à 2 lieues S.-E. de Besançon : les marnes irisées s'y montrent au-dessous du calcaire à gryphées arquées. On y remarque une couche de calcaire magnésifère, au-dessous de laquelle on exploite, depuis long-temps, un amas de gypse. Ayant remarqué que ce gypse est salé dans quelques-unes de ses parties, on a pratiqué, au fond d'un puits qui servait à son extraction, un sondage, qui a été poussé à une grande profondeur, sous la direction de MM. Roussel-Galle et Duhamel, ingénieurs au Corps royal des mines, mais qui n'a pas conduit, comme on l'espérait, à la découverte d'un dépôt de sel gemme.

Voici l'indication des couches successives traversées tant par le puits que par le sondage :

Puits.

a. Marnes bigarrées de couleurs lie
de vin et gris bleuâtre....... 3^m,25

b. Calcaire magnésifère.......... 3 57

c. Marnes...................... 2 92

d. Gypse..................... 19 49

Sondage commencé au fond du puits.

N°. 1. Gypse anhydre mélangé d'argile
     salée...................... 6^{m},00
  2. Marne grise non salée........... 1 62
  3. Gypse argileux non salé........ 1 62
  4. Argile rouge un peu salée...... 1 95
  5. Gypse blanc presque pur...... 4 66
  6. Gypse et argile rouge.......... 1 19'
  7. Argile rouge salifère.......... 6 00
  8. Marne blanche calcaire........ 0 49
  9. Calcaire blanchâtre dur et tenace. 14 29
 10. Marne calcaire grise........... 0 97
 11. Marne rouge................... 0 81
 12. Gypse blanc................... 0 81
 13. Marne bleuâtre................ 0 97
 14. Marne rougeâtre.............. 1 03
 15. Marne et gypse............... 0 81
 16. Marnes de diverses couleurs..... 1 84
 17. Argile noirâtre très-sèche...... 2 17
 18. Calcaire marneux............. 1 30
 19. Marne bleuâtre............... 1 54
 20. Chaux sulfatée anhydre très-dure. 0 43
 21. Marne noire et gypse.......... 1 30
 22. Chaux sulfatée anhydre très-dure. 0 65
 23. Gypse salé et marne.......... 1 80
 24. Calcaire marneux............. 1 30
 25. Gypse blanc.................. 0 60
 26. Marne dure.................. 0 97

27. Chaux sulfatée anhydre.........	0^m,81	
28. Marne bleue dure...............	1	41
29. Marne bleue et gypse salé.	0	81
30. Chaux sulfatée anhydre très-dure.	0	46
31. Marne grise et verte mêlée de gypse......................	1	80
32. Marne grise et verte...........	1	14
33. Marne noire et gypse salé......	0	57
34. Calcaire marneux..............	0	38
35. Marne grise et gypse un peu salé..	0	73
36. Calcaire marneux..............	0	32
37. Marne grise et gypse..........	1	22
38. Marne noire et gypse blanc.....	3	57
39. Marne grise et gypse salé.......	2	27
40. Argile rouge et gypse blanc....	3	90
41. Argile rouge non salée.........	1	19
42. *Id.* avec gypse blanc..........	0	49

$$\text{TOTAL} \ldots\ldots\ldots\ldots 107^m,31$$

D'après les remarques que M. Auguste Duhamel a eu la complaisance de me communiquer,
le calcaire *b*, traversé par le puits, est identique
avec le calcaire cloisonné des environs de Lons-
le-Saulnier. (*V.* plus loin, § 46.) Le calcaire n°. 9
du sondage a beaucoup de rapports avec celui-ci,
seulement il n'est pas divisé comme lui par une
foule de petits filons de chaux carbonatée cristalline qui se croisent mutuellement : il est très-te-

nace. Les calcaires n°*. 18 , 24, 34 et 36 ont paru à M. Auguste Duhamel analogues à ce dernier. A Salins, où ces calcaires ont reçu des ouvriers le nom de *griffe*, ils sont comme ici placés entre les différentes masses de gypse exploitées sur le revers septentrional de la montagne qui porte le fort St.-André. Ces différens calcaires sont très-probablement magnésifères; j'en ai même la certitude pour le calcaire b du puits que j'ai essayé. On voit qu'ici il existe deux couches principales de calcaire magnésifère, au lieu d'une seule que j'ai observée dans beaucoup d'autres localités; mais il est vrai de dire que, dans quelques localités où j'ai observé une seule couche de ce calcaire, il n'était pas évident qu'il n'y en eût qu'une seule. En revanche, la couche de grès et la couche de combustible, que j'ai trouvées ordinairement en dessous du calcaire magnésifère, n'ont pas été ob·servées ici. On peut du reste remarquer que la dégradation qui s'observe dans la couleur et les autres caractères des marnes irisées est ici à peu près la même que dans les travaux souterrains de Vic.

5°. A Bussy, sur la route de Besançon à Quingey : les marnes irisées s'y montrent, sur une petite épaisseur, au-dessus du calcaire à gryphées arquées, qui y présente des veinules de galène et de blende.

6°. Aux environs de Salins, les marnes irisées

s'y montrent en différens points, et il y a lieu de présumer que c'est de leur sein que provient le sel tenu en dissolution par les sources salées auxquelles Salins doit son nom. Cette formation, qui s'y présente en certains endroits sur une assez grande épaisseur, y est très-bien développée : on peut l'y étudier avec facilité dans les nombreuses carrières de gypse qui y sont ouvertes, mais que je crois inutile de décrire, parce que M. Charbaut, qui les a observées avant moi avec bien plus de détail que je n'ai pu le faire, s'est servi des observations qu'il y a faites pour compléter la description des marnes irisées, qui fait partie de son mémoire sur les environs de Lons-le-Saulnier.

J'indiquerai seulement que dans la partie supérieure de l'escarpement d'une carrière de gypse située au S.-E. de Salins, au-dessous du vieux château d'Aresche, j'ai trouvé dans les marnes irisées, au-dessus de toutes les masses de gypse, mais à plusieurs mètres en dessous des premières assises du lias, une couche de calcaire argileux d'un gris plus ou moins rougeâtre, dont la surface était recouverte d'un grand nombre de moules intérieurs d'une coquille que je crois être la *cypricardia socialis* du muschelkalk. Si je ne me trompe pas sur l'espèce de la coquille, dont je n'ai vu que le moule intérieur, le fait que je cite fournira un nouveau motif pour rapprocher les marnes irisées du muschel-kalk plus que du lias. La *cypricardia socialis* se-rait alors un fossile commun aux trois forma-tions du grès bigarré, du muschelkalk et des marnes irisées; il se pourrait cependant que la coquille en question ne fût qu'une modiole.

Je dois à la complaisance de M. Auguste Du-hamel, ingénieur au Corps royal des mines, la description détaillée des couches traversées par différens trous de sonde percés dernièrement aux environs de Salins. Je crois utile de l'insérer ici, parce qu'elle me paraît propre à donner une idée très-précise de la succession des couches qui composent la partie moyenne de la formation des marnes irisées. Ils ont tous été exécutés au Sud et au Sud-Ouest d'Aiglepierre, le long de la pente N.-O. de la colline sur laquelle est situé le bois de Beugou. Comme l'espace dans lequel ils ont été ouverts est très-limité, on ne peut attribuer qu'à l'état de bouleversement du terrain et au peu de régularité de l'allure de quelques-unes des masses qui le composent le défaut de simili-tude que présentent les résultats des différens coups de sonde.

Sondage a.

1. Terre végétale . . . . 1ᵐ, 30ᶜ·
2. Marne d'un jaune orange. 3   90

3. Argile marneuse d'un bleu verdâtre
clair. . . . . $1^{m},55^{c}$·

4. Argile lie de vin. . . . . 1 .38

5. Argile d'un bleu verdâtre clair. . . . 1 17

6. Argile fortement imprégnée de combustible. o 34

7. Argile grise, maculée de noir. . . . 2 71

8. Argile d'un gris violacé 7 81

9. Marne d'un gris clair, avec de larges
taches jaunes maculées de blanc
et renfermant des cristaux de
quartz de la grosseur de deux
millimètres. . . . . o 33

10. Argile d'un gris foncé. . . . . o 12

11. Argile d'un bleu verdâtre pâle. . . o 52

12. Argile un peu schisteuse d'un gris
foncé, avec nuances plus claires. o o8

13. Marne d'un gris pâle nuancé de
jaune. . . . . o 20

14. Argile marneuse grise, avec taches
plus foncées. . . . . o 25

15. Marne d'un gris clair, avec de petites
veines d'un jaune orange. 2 36

16. Marne d'un gris foncé. 1 92

17. Marne plus claire que la précédente. o 5o

18. Marne grise, avec taches rouges et
bleues. o 33

19. Marne d'un gris verdâtre, avec pe-

tites taches blanches. . . . . 0^m,30^c·

20. Marne verdâtre, avec taches blan-

    ches. 1 60

21. Marne violacée fortement tachée

    de blanc, avec points noirs. . . . 3 06

22. Marne gypseuse, avec larges taches

    vert foncé. 0 35

TOTAL. . . . . 32^m,08^c·

Sondage d.

1. Terre végétale. . . . . 0^m,60^c·

2. Marne d'un gris verdâtre. 2 16

3. Marne noire, avec des veines grises,

    paraissant un peu schisteuse. . . 0 48

4. Marne d'un gris verdâtre. 5 16

5. Marne d'un noir grisâtre, avec des

    parties argileuses blanc verdâtre. 1 80

6. *Id.* (avec parties blanches plus

    rares). 0 25

7. Marne d'un gris foncé. 0 55

8. Marne d'un gris verdâtre, avec des

    parties d'un vert jaunâtre, renfer-

    mant quelques fragmens de cris-

    taux de quarz 1 50

9. Marne veinée de noir et de gris fon-

    cé, paraissant schisteuse. 0 28

10. Marne d'un gris verdâtre, avec des

    cavités jaunes remplies d'une

poussière dure au toucher, avec
des cristaux de quarz. . . . . . . 1^m,22^c·

11. Houille très argileuse. 1 00

12. Marne d'un gris verdâtre, avec des
parties blanches. 2 35

13. Marne légèrement veinée de gris
verdâtre et jaunâtre. 1 45

14. Marne d'un gris verdâtre clair. . . 1 54

15. Lacune (l'échantillon manque). . 1 45

16. Marne argileuse gris de cendre un
peu foncé. 0 45

17. Argile marneuse d'un gris verdâtre
clair, imprégnée de gypse. 1 20

TOTAL. . . . . 23^m,44^c.

Sondage e.

1. Argile marneuse lie de vin, avec parties gris
clair verdâtre. . . . . 5^m,33^c·

2. Marne friable (dont la poussière est
douce au toucher) d'un blanc un
peu jaunâtre, avec des filets non
parallèles de marne un peu plus
foncée (calc. cloisonné ?). 11 35

3. Argile marneuse d'un gris foncé légèrement verdâtre. 0 40

4. Argile d'un gris clair verdâtre. . . 2 10

5. Argile lie de vin, avec parties d'un
gris clair verdâtre. 0 51

6. Argile un peu plus claire que le n°. 4.   0^m,51^c·

7. Grès légèrement micacé, couleur
gris clair, avec des veines noires charbonneuses, et nids d'un
charbon provenant vraisembla-
blement de détritus de substances
végétales...   0   38

8. Grès plus argileux et d'une couleur
un peu plus claire que le précédent : le mica y est plus rare.
Absence de charbon, seulement
il est divisé par de petites bandes
un peu plus foncées que la pâte.   8   73

9. Marne d'un noir foncé, mouchetée
de blanc sale...   0   31

10. Argile gris de cendre, paraissant
avoir une tendance à une disposition schisteuse.   0   62

11. *Idem* mouchetée de blanc clair,
avec bandes d'un noir foncé, qui
paraît être de l'argile marneuse
imprégnée de combustible... ...   0   5o

12. Argile marneuse d'un gris verdâtre, un peu dure au toucher. ...   0   3o

13. Argile marneuse grise, maculée de
blanc, avec veines plus foncées
et d'autres d'un jaune orange sale.   0   48

14. Marne grise, avec des bandes de

couleur plus claire.......... 1^m,58^c·

15. Marne d'un gris foncé, maculée de

blanc. . . . . o 16

16. Marne d'un gris clair verdâtre, avec

veines de gypse........... o 25

17. Argile marneuse d'un gris foncé,

avec des parties noires....... o 25

18. Argile d'un gris verdâtre, impré-

gnée de gypse fibreux un peu rose. 1 61

TOTAL . . . . 36^m,60^c·

Sondage g.

1. Terre végétale............. o^m,66^c·

2. Marne jaune sale, endurcie ou

calcaire (calc. cloisonné?). . . . 1 20

3. Argile d'un jaune gris verdâtre. . . 1 oo

4. Grès bleu verdâtre, avec de petites

paillettes de mica blanc et des

taches rouges, paraissant mélangé

de beaucoup d'argile........ o 65

5. Argile marneuse rouge, légèrement

veinée de blanc........... 1 35

6. Argile d'un bleu verdâtre...... o 5o

7. Houille en poussière mêlée d'argile. o 62

8. Marne d'un jaune orange. 5 18

9. Argile marneuse d'un bleu ver-

dâtre. 2 43

10. Marne couleur d'ocre jaune, mé-

<table>
<tr><td>langée de bleu. . . . .</td><td>0^m, 16^c</td><td></td></tr>
</table>

langée de bleu.	0ᵐ, 16ᶜ·	
11. Marne couleur cendre claire. . . .	5	30
12. Marne lie de vin, nuancée de bleu verdâtre.	4	24
13. Marne gypseuse lie de vin pâle. .	0	17
TOTAL. . . . . 23ᵐ, 46ᶜ·		

§ 46. Je pourrais pousser plus loin l'énumération des localités où les marnes irisées se montrent au jour sur la lisière occidentale du Jura. Mais, comme la plupart de celles que je pourrais encore citer ont été observées par M. Charbaut, ingénieur des mines, qui en a résumé les caractères dans le *Mémoire sur la géologie des environs de Lons-le-Saulnier*, qu'il a publié dans le quatrième volume des *Annales des Mines*, page 579, je renverrai le lecteur à ce travail, qui a fait de Lons-le-Saulnier un des points de départ des géologues qui étudient le Jura, et je me bornerai à quelques remarques qui me paraissent nécessaires pour mettre mes indications en harmonie avec les siennes. On a déjà plusieurs fois remarqué l'identité de caractères qui existe entre les marnes irisées de la Lorraine et de l'Alsace et celles de Lons-le-Saulnier. Cette identité ne se borne pas aux caractères généraux, elle s'étend jusqu'aux moindres détails de structure et de position.

J'ai, par exemple, examiné avec détail le pas-

Marnes irisées des environs de Lons-le-Saulnier.

sage des marnes irisées au calcaire à gryphées arquées, sur la côte la plus élevée, à gauche de la route de Lons-le-Saulnier à Penessières, et j'ai trouvé que ce passage se fait exactement de la même manière que dans les environs de Bourbonne-les-Bains, de Charmes et de Vic. Les couches supérieures des marnes irisées présentent de petites couches et des lits de rognons de calcaire argileux. Un peu avant de se terminer, elles perdent leurs couleurs ordinaires pour devenir d'un vert pâle. On y voit paraître alors des couches très-minces d'argile schisteuse, noire, qui déjà appartiennent au système du calcaire à gryphites; puis des couches d'un grès quarzeux, à grains fins, contenant quelques impressions végétales peu distinctes. Bientôt les marnes vertes cessent de se mêler aux couches alternantes d'argile schisteuse, noire, et de grès. Le grès domine sur une faible épaisseur, puis il est lui-même remplacé par le calcaire à gryphées.

Les couches inférieures de la formation des marnes irisées ne se voient en aucun point des environs de Lons-le-Saulnier. Les masses les plus basses qu'on ait atteintes sont des masses de gypses, qui paraissent correspondre à celles qui, aux environs de Bourbonne-les-Bains et de Saulnot, se trouvent à la partie inférieure des marnes irisées, mais cependant à une certaine hauteur au-dessus du muschelkalk.

M. Charbaut dit, p. 600 du tome IV des *Annales des Mines*, en parlant de la petite couche de combustible qu'il indique dans les marnes irisées, en différens points des environs de Lons-le-Saulnier, qu'*elle est fort remarquable par sa position constante au-dessus des masses de gypse, dont elle peut servir d'indice, et par sa grande étendue.* Cette constance dans sa position se joint à la nature du combustible qu'elle présente, pour l'identifier avec celle que j'ai indiquée précédemment à Noroy, à Courcelles, à Gemonval, et dont j'ai cité des indices dans une position correspondante aux environs de Bourbonne-les-Bains et de Basle. L'examen des couches de roches qui accompagnent cette couche combustible confirme complétement ce rapprochement. Cette couche de combustible, ainsi que l'indique M. Charbaut, p. 592, vient affleurer au tiers de la hauteur de la côte de Pimont, sur le chemin qui conduit de Lons-le-Saulnier à la tour qui en couronne le sommet. L'Administration des salines y fit percer, il y a une trentaine d'années, un puits de recherche qui l'atteignit à vingt mètres environ : sa faible épaisseur et la grande proportion de terre qu'elle renferme l'ont fait abandonner. Au-dessus de l'affleurement de la couche de houille, on trouve celui d'un grès terreux micacé, pétri d'impressions végétales indéterminables, analogue à celui que j'ai indiqué plusieurs fois dans la même position, et qui s'enfonce sous une couche assez épaisse d'un calcaire compacte jaunâtre, à cassure terreuse et un peu esquilleuse, magnésifère, que M. Charbaut désigne sous le nom de calcaire cloisonné, à cause de la présence accidentelle de nombreux petits filons spathiques plus solides que le reste, et qui est l'équivalent exact du calcaire magnésifère, que j'ai eu constamment occasion de citer vers le milieu de l'épaisseur des marnes irisées dans toute la Lorraine, en Alsace, et même aux environs de Luxembourg et de Basle.

On voit donc que non-seulement la formation des marnes irisées, considérée dans son ensemble et dans ses rapports géognostiques avec d'autres formations, reste semblable à elle-même depuis Luxembourg jusqu'à Lons-le-Saulnier, sur une étendue de trois degrés de latitude, mais que, dans toute cette étendue, les couches particulières, qu'on peut distinguer par des caractères spéciaux, s'y soutiennent dans le même ordre respectif avec une régularité remarquable.

RÉSUMÉ.

Je ne reviendrai pas ici sur le peu que j'ai dit, en commençant ce mémoire, de la configuration extérieure des Vosges et des roches (primitives?) et de transition, qui en constituent la partie centrale et la plus élevée. Je crois également inutile de rappeler la description que j'ai donnée de la formation du grès des Vosges, qui constitue à elle seule une partie considérable de ces montagnes, et qui, par suite de sa superposition au terrain houiller et du défaut de continuité qui existe entre sa stratification et celle du grès bigarré qui la recouvre, m'a paru se rattacher à la formation du grès rouge (*rothe todte liegende*) des géologues allemands, à laquelle ses couches inférieures, qui, à la vérité, sont assez distinctes de la masse principale, ressemblent complétement. Je ne résumerai donc ici que les § 12, 13, etc., à 46, consacrés à faire connaître la série de couches concordantes et intimement liées entre elles, qui s'étend depuis les assises les plus basses du grès bigarré jusqu'aux assises les plus élevées des marnes irisées.

Sur presque tout le pourtour des Vosges on voit le grès bigarré (*bunter sandstein* des Allemands, *new-red-sandstone* des Anglais) former des proéminences arrondies au pied de collines plus élevées ou de véritables montagnes formées de grès des Vosges. Il y a cependant quelques localités, telles que les environs de Plombières et de Sarrebruck, où le grès des Vosges n'atteignant qu'une faible hauteur, le grès bigarré le recouvre jusque sur les points les plus élevés. Ce n'est qu'en un de ces points, au midi de Sarrebruck, sur la route de Forbach à Sarguemine, que j'ai pu voir le con-

tact immédiat des deux formations. Le grès bigarré reposait, à stratification discordante, sur
le grès des Vosges, et présentait, dans sa partie
inférieure, plusieurs lits de rognons de dolomie.
La partie inférieure du grès bigarré est composée
d'un grès à grain fin, le plus souvent d'un rouge
amaranthe, renfermant de petites paillettes de
mica disséminées irrégulièrement. Ces couches
sont fort épaisses, et fournissent partout de
très-belles pierres de taille. En s'élevant davantage
dans la formation, on trouve des couches plus
minces, qui sont exploitées pour faire des meules
à aiguiser. Plus haut encore, on en trouve de
très-minces et très-fissiles, qu'on exploite comme
dalles pour paver les maisons, et comme ardoises
pour les couvrir. Ces couches doivent leur fissi-
lité à un grand nombre de paillettes de mica,
qui sont constamment disposées dans le sens de
la division schisteuse. Ces mêmes couches deviennent souvent très-peu consistantes, et passent même à une argile bigarrée, qui est employée
comme terre à brique; lorsqu'elles ont cette consistance terreuse, elles présentent fréquemment
des masses de gypse, qui me paraissent correspondre exactement au second gypse de la Thuringe. Ces couches supérieures du grès bigarré
présentent très-souvent, comme les inférieures,
une couleur d'un rouge amaranthe; mais elles
présentent, plus fréquemment que ces derniè-

res, des taches d'une couleur gris bleuâtre, qui s'y trouvent souvent en assez grande abondance et d'une assez grande étendue pour former la couleur dominante. Le grès bigarré présente, surtout dans ses couches supérieures, un grand nombre d'empreintes végétales; celles qui sont les plus abondantes sont rapportées par M. Adolphe Brongniart au genre *calamites*. Dans les carrières de Domptail, le grès bigarré présente un banc pétri de moules de coquilles, dont plusieurs appartiennent à des genres et même à des espèces qui lui sont communes avec le muschelkalk.

Les assises les plus élevées de la formation du grès bigarré présentent souvent des couches peu épaisses de calcaire marneux ou de dolomie, qui sont le commencement de la formation du muschelkalk. A mesure qu'on s'élève, ces couches deviennent plus rapprochées et finissent par remplacer entièrement le grès : alors commence la série de couches calcaires qui constituent la formation à laquelle les géologues allemands ont donné le nom de muschelkalk, et que M. Brongniart désigne par celui de calcaire conchylien. Même dans les lieux où les couches inférieures de cette formation sont composées de dolomie, les couches qui composent sa masse principale m'ont toujours présenté d'autres caractères; et dans le petit nombre de localités où elles sont fortement magnésifères, et où, d'après les analyses faites sous les yeux de M. Berthier, dans le laboratoire de l'École des mines, elles renferment très-sensiblement la quantité de magnésie qui correspond à la composition théorique de la dolomie, elles présentent des caractères minéralogiques qui s'éloignent de ceux de cette roche, mais elles ne contiennent pas de fossiles. Généralement le muschelkalk se compose d'un calcaire compacte gris de fumée, tantôt à cassure conchoïde et tantôt à cassure unie en grand et inégale en petit. Ces deux variétés se mélangent fréquemment dans un même bloc. Le muschelkalk est souvent assez riche en fossiles, dont les plus généralement répandus sont les suivans : *terebratula vulgaris* ou *subrotunda*, *mytilus eduliformis*, *cypricardia socialis*, *ammonites nodosus*, *ammonites semipartitus* et *encrinites liliformis*.

Les assises supérieures du muschelkalk présentent souvent une marne schisteuse grise qu'on voit, à mesure qu'on s'élève, prendre une teinte verdâtre de plus en plus prononcée. Bientôt la disposition schisteuse diminue ; la teinte verdâtre devient plus prononcée, et est fréquemment interrompue par des taches rouges.

C'est alors qu'on passe aux marnes irisées, *keuper* des Allemands, *red - marl* des Anglais, qui se composent ordinairement d'une marne bigarrée de rouge lie de vin et de gris verdâtre ou bleuâtre, qui se désagrège en fragmens, dans lesquels on ne reconnaît aucune trace de disposition schisteuse.

Vers le milieu de l'épaisseur des marnes irisées, se trouve constamment un système composé de couches d'argile schisteuse noirâtre, de grès à grain fin et terreux, de couleur gris bleuâtre, ou d'un rouge amaranthe et de calcaire compacte, grisâtre ou jaunâtre, à cassure esquilleuse, quelquefois celluleux, et qui est constamment magnésifère et contient sensiblement la même proportion de magnésie que la dolomie. Dans ce système de couches, le calcaire magnésifère forme souvent une seule couche à la partie supérieure, tandis que le grès et l'argile schisteuse se trouvent au-dessous, alternant ensemble et avec des couches de marnes irisées. Ces couches de grès et d'argile schisteuse renferment très-souvent des empreintes végétales, et souvent aussi des couches de combustible, qui sont en ce moment l'objet de différens travaux de recherches, et même de quelques petites exploitations.

Les masses de sel gemme reconnues à Vic, à Dieuze et dans plusieurs autres points de la Lorraine, se trouvent dans la partie inférieure des marnes irisées, c'est-à-dire au-dessous du système de couches de calcaire magnésifère de grès et de combustible. Des masses de gypse se pré-

sentent aussi très-souvent à cette hauteur, tandis que d'autres, moins constantes, se montrent
dans la partie supérieure des marnes irisées.

Il est à remarquer que les couches schisteuses,
d'une consistance terreuse, de la partie supérieure du grès bigarré, lorsqu'elles sont assez terreuses pour que le mica y devienne peu appa-
rent, ressemblent beaucoup à celles qui forment
le passage entre le muschelkalk et le grès bigarré; de sorte que si le muschelkalk n'existait pas,
il y aurait une fusion complète entre le grès
bigarré et les marnes irisées. C'est, je crois, ce
ce qui a lieu en Angleterre, où ces deux formations se trouvent réunies en une seule, connue
sous le nom de *new-red-sandstone and red-marl ;*
mais il est bon d'observer que, même dans ce pays,
les couches de grès (*new-red-sandstone*) se trouvent au-dessous des couches de marne (*red-
marl*).

Les couches supérieures des marnes irisées
présentent une teinte verte, qui les distingue du
reste de la masse. On y voit paraître des couches
minces d'argile schisteuse, noire, et de grès
quarzeux presque sans ciment, qui finissent par
remplacer entièrement les marnes vertes, et
qui forment le commencement du grès inférieur
du lias, grès qui fait partie de ceux que les
géologues allemands ont nommé *quadersandstein*, mais qui se lie complétement, tant par

des passages que par les fossiles qu'il contient,
au calcaire à gryphées arquées qui le recouvre.
La séparation que je fais entre les marnes irisées
et le grès inférieur du lias est du nombre de ces
coupures artificielles, auxquelles la nécessité
d'assigner des bornes circonscrites à chacun des
objets de nos études nous force de recourir dans
l'étude de toutes les sciences naturelles. Aussi, si
les marnes irisées continuent quelquefois à former
un système assez distinct à une grande distance
des Vosges, par exemple près de Luxembourg
et de Lons-le-Saulnier, il est d'autres contrées
où rien ne conduit à les séparer du grès inférieur du lias; aux environs de Saint-Léger-sur-
Dheune et d'Autun, les marnes irisées rentrent
dans le dépôt d'arkose, qui, dans d'autres parties
de la Bourgogne, où il est beaucoup plus mince,
paraît s'identifier avec le grès inférieur du lias, qui
se lie intimement au calcaire à gryphées arquées.

Quels que soient du reste les passages qui
existent entre les couches dont je viens de ré-
sumer les caractères (grès bigarré, muschelkalk
et marnes irisées), et celles qui leur sont inférieures et supérieures, l'époque de leur dépôt
paraît avoir répondu à une période de la chro-
nologie zoologique, qui se distingue assez nettement de celles qui l'ont précédée et suivie, en ce
que les *productus* avaient déjà disparu de la partie
de notre planète qui est devenue l'Europe, tandis

que les *bélemnites*, les *ammonites persillées* et les (*gryphites ?*) ne s'y étaient pas encore montrées.

J'ai eu occasion d'indiquer du sel gemme dans un seul étage de ce même système de couches, savoir, dans la partie inférieure des marnes irisées ; du gypse dans trois étages, savoir, dans les assises supérieures du grès bigarré, dans la partie inférieure des marnes irisées, et dans la partie supérieure des mêmes marnes ; et du carbonate calcaréo-magnésien (dolomie et calcaire magnésifère) dans quatre étages différens, savoir, dans les assises inférieures et dans les assises supérieures du grès bigarré, dans la partie moyenne du muschelkalk et vers le milieu de l'épaisseur des marnes irisées. Ces trois substances s'y font également remarquer par l'absence de tout débris et de toute empreinte organique ; mais le gypse, et par analogie le sel gemme, me paraissent y former des amas : tandis que le carbonate calcaréo-magnésien, soit qu'il présente les caractères minéralogiques de la dolomie, soit qu'il ne les présente pas, y est toujours éminemment stratiforme, circonstance qui semble l'éloigner beaucoup des masses de dolomie sans structure distincte, qui s'observent dans le midi de la France, en Tyrol, etc., et qui ont fourni à M. Léopold de Buch le sujet d'observations si neuves et si curieuses.

TABLE DES MATIÈRES.

Avertissement.   IV

Introduction.   1

§ 1. Objet de ce mémoire. . . . .   Ib.

§ 2. Sur les Vosges en général; leur étendue... , .   3

    Configuration extérieure des Vosges.   5

    Composition des Vosges.   7

    Montagnes de transition. . . , ...   Ib.

I. Formation du grès rouge.   12

§ 3. Grès rouge des Vosges. Son étendue ; sa stratification . . . .   Ib.

§ 4. Nature des roches du terrain de grès des Vosges.   18

§ 5. Galets quarzeux que renferme le grès des Vos-
ges   22

§ 6. Absence de toute trace de débris organiques
dans le grès des Vosges proprement dit.   28

§ 7. Caractères particuliers que présentent quelquefois les couches inférieures du grès des Vosges. .   Ib.

§ 8. Position géologique du grès des Vosges   30

    Superposition du grès des Vosges au grès
      houiller à Ronchamps (Planche I).   31

§ 9. Environs de Saint-Hippolyte, de Villé, etc. . .   40

§ 10. Environs de Sarrebruck (Planche I)   43

§ 11. Grès des Vosges.   54

II. FORMATIONS DU GRÈS, DU MUSCHELKALK ET DES MARNES IRISÉES . . . . . . .Pag. 57

§ 12. Disposition générale du grès bigarré, du muschelkalk et des marnes irisées. . . . . *Ib.*

Environs de Plombières, de Bourbonne-les-Bains et de la Marche. 58

§ 13. Position dans laquelle se trouve le grès bigarré aux environs de Plombières et de Bourbonne-les-Bains . . . . *Ib.*
    Grès bigarré près la Hutte et Darney 59
    Grès bigarré près Bains et Fontenois. 60
    Grès bigarré aux environs de Plombières. 61
    Grès bigarré aux environs de Châtillon-sur-Saône. 63
§ 14. Résumé des caractères du grès bigarré dans la contrée de Plombières et de Bourbonne-les-Bains. 64
    Distinction du grès des Vosges et du grès bigarré . . . . *Ib.*
§ 15. Muschelkalk des environs de Bourbonne-les-Bains et de la Marche. 67
§ 16. Anomalies que présentent les caractères et la composition du muschelkalk aux environs de Bourbonne-les-Bains. 70
    Caractères minéralogiques du muschelkalk à Bourbonne-les-Bains. 71
    Il est fortement magnésifère. 72
    Accidens dans la structure du sol auxquels se rattache cet accident de composition 73

§ 17. Position des marnes irisées aux environs de la Marche et de Bourbonne-les-Bains (Pl. II)P.   74

§ 18. Marnes irisées du Mont-Heuillon , entre Se-recourt et la Marche.   76

§ 19. Marnes irisées du Mont-de-la-Justice près la Marche.   77

    Couche de calcaire magnésifère qui se trouve constamment vers le milieu de l'épaisseur des marnes irisées.. . . . . •   78

§ 20. Marnes irisées du Mont-Saint-Étienne , près la Marche.   82

§ 21. Marnes irisées dans la colline au nord de Se-naide..   84

§ 22. Marnes irisées des collines au sud-ouest de Bourbonne-les-Bains (Planche II).   86

§ 23. Recherches de combustible fossile dans les marnes irisées à Noroy (Vosges)..   89

    Coupe du terrain de Noroy , faite par un puits et un sondage.   90

    1°. Puits....   *Ib.*

    2°. Sondage au fond du puits   91

§ 24. Sur diverses couches du terrain de *lias* qu'on observe au-dessus des marnes irisées (Pl. II). . .   93

§ 25. Résumé des observations géologiques faites aux environs de Plombières, de Bourbonne-les-Bains et de la Marche.   95

Environs de Lunéville...   96

§ 26. Terrains des environs de Lunéville. . . . .   *Ib.*

    Identité de ces terrains avec ceux des environs de Bourbonne-les-Bains. . . . .   *Ib.*

Grès bigarré ; ses rapports de position avec le grès des Vosges. . . . . .Pag. 96
Composition de la formation du grès bigarré. 98
Coquilles fossiles dans le grès bigarré à Domptail. 99
Univalves.. 100
Bivalves. . . . . *Ib.*
§ 27. Muschelkalk entre Domptail et Lunéville.. 101
Sa composition minéralogique. . . . . *Ib.*
Fossiles du muschelkalk entre Domptail et Lunéville.. 107
Remarques générales sur les fossiles du muschelkalk 105
§ 28. Muschelkalk et marnes irisées près de Rambervillers. 104
Marnes irisées et basalte de la côte d'Essey (Planche III).. . . . . *Ib.*
§ 29. Muschelkalk près de Charmes 109
§ 30. Marnes irisées près de Charmes (Planche III). *Ib.*

Bords de la Sare. 112

§ 31. Disposition générale des terrains dans la vallée de la Sare.. . . . . *Ib.*
§ 32. Grès bigarré et muschelkalk près de Saint-Quirin. 113
§ 33. Grès bigarré près de Phalsbourg. 116
§ 34. Muschelkalk et marnes irisées aux environs de Sar-Albe.. 118
§ 35. Grès bigarré et muschelkalk entre Forbach et Sarguemine. 121
Le grès bigarré repose sur le grès des Vosges à

stratification discordante (Pl. III).. Pag. 123

Rognons de dolomie. . . . . *Ib.*

§ 36. Grès bigarré, muschelkalk et marnes irisées
entre Forbach et Puttelange (Planche III)..... 128

§ 37. Grès bigarré, muschelkalk et marnes irisées
entre Creutzwald et Bouzonville (Planche III). 129

§ 38. Roches quarzeuses et de transition de Sierk
(Planche III). 132

Grès bigarré, muschelkalk et marnes irisées
entre Sierk et Bouzonville.. 134

§ 39. Marnes irisées au nord de Luxembourg. . . . 135

Vallée de la Seille. 138

§ 40. Situation de la vallée de la Seille. . . . . . . *Ib.*

Couches qui s'y observent.. 139

Manière dont les couches qui s'observent dans
la vallée de la Seille doivent être rapprochées de celles qui ont été décrites ci-dessus. 140

Liaison des marnes irisées de la vallée de la Seille
avec celles des localités décrites plus haut.. 146

Vallée du Rhin. 149

§ 41. Disposition des terrains secondaires dans la
vallée du Rhin.. . . . . *Ib.*

Accidens que présente le muschelkalk lorsqu'il
approche du grès des Vosges.. 150

Grès bigarré aux environs de Niederbronn... 151

Couches de dolomie dans le grès bigarré, à sa
jonction avec le muschelkalk.. 152

Muschelkalk près de Niederbronn . . . .Pag. 153
Marnes irisées près de Reichsofen. 157

Bassin de Wintzfelden. 159

§ 42. Grès bigarré et muschelkalk du bassin de
Wintzfelden. . . . . *Ib.*

Pente méridionale des Vosges. 161

§ 43. Grès bigarré, muschelkalk et marnes irisées
de la pente méridionale des Vosges. . . . . . . *Ib.*

Environs de Basle.. 163

§ 44. Grès bigarré, muschelkalk et marnes irisées
des environs de Basle. . . . . *Ib.*
Le calcaire gris de fumée de Wallenberg ne
correspond-il pas à celui de la Porte de
France, à Grenoble ?. 165

Lisière N.-O. du Jura. 168

§ 45. Marnes irisées de Vaufrey (Doubs). . . . . . *Ib*
Marnes irisées de Baume-les-Dames (Doubs). 169
Marnes irisés d'Ougney-le-Bas (Doubs). . . . . *Ib.*
Marnes irisées de Beurre (Doubs). 170

Coupe du puits de Beurre . . . . . . *Ib*

Sondage au fond du puits. 171

Marnes irisées de Bussy (Doubs). 173
Marnes irisées des environs de Salins (Jura). *Ib*

Sondage a . . . . Pag. 175

Sondage d 177

Sondage e 178

Sondage g 180

§ 45 Marnes irisées des environs de Lons-le-Saulnier 181

Résumé 184

FIN DE LA TABLE DES MATIÈRES.

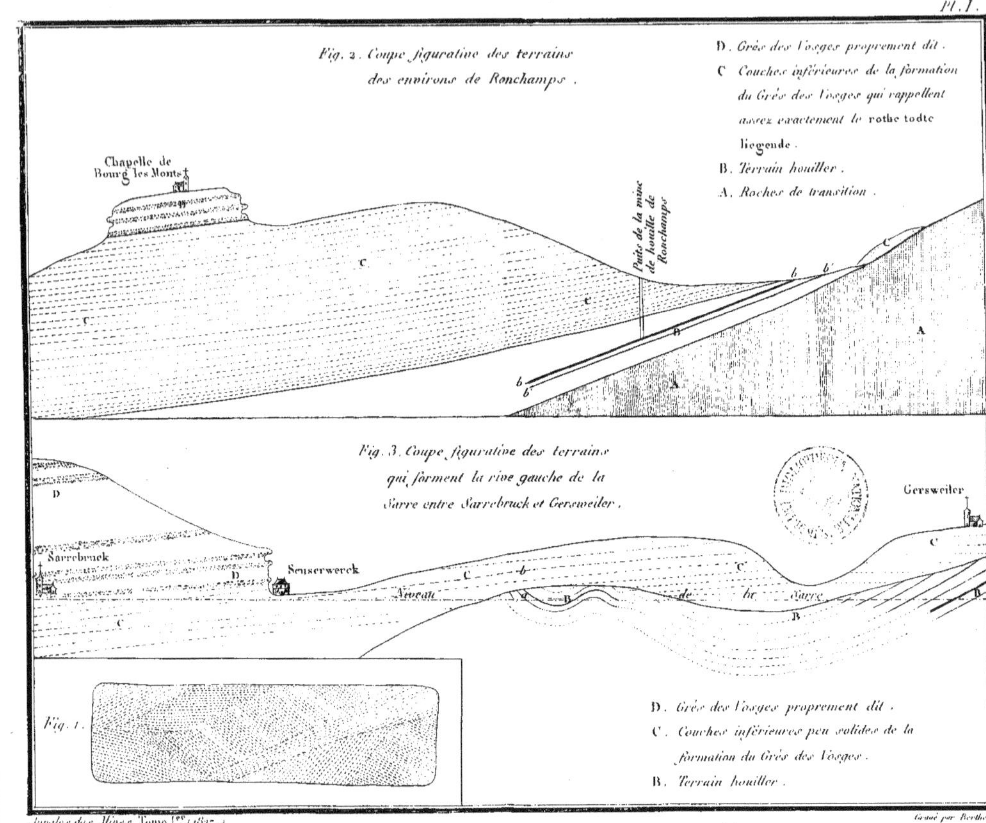
Fig. 2. Coupe figurative des terrains
des environs de Ronchamps.
D. Grès des Vosges proprement dit.
C Couches inférieures de la formation
du Grès des Vosges qui rappellent
assez exactement le rothe todte
liegende.
B. Terrain houiller.
A. Roches de transition.
Chapelle de
Bourg les Monts
Puits de la mine
de houille de
Ronchamps
C
C
b
b
b
b
A
A
Fig. 3. Coupe figurative des terrains
qui forment la rive gauche de la
Sarre entre Sarrebruck et Gersweiler.
Gersweiler
D
Sarrebruck
Seuserwerck
D
Niveau
C
b
C
b
d
B
de
la
Sarre
B
C
C
B
Fig. 1.
D. Grès des Vosges proprement dit.
C. Couches inférieures peu solides de la
formation du Grès des Vosges.
B. Terrain houiller.

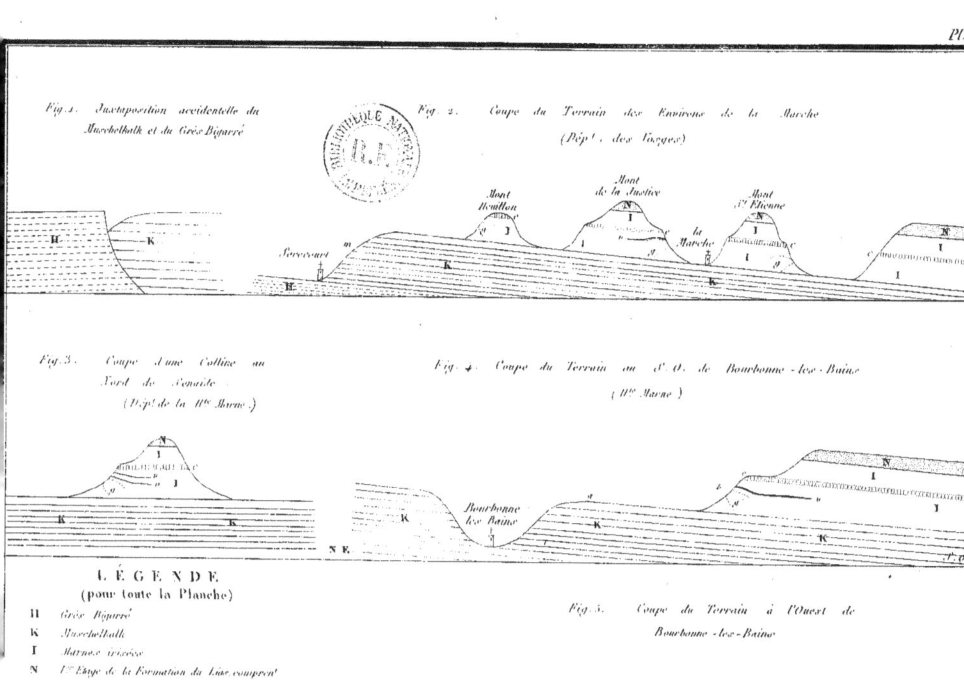
Fig. 1. Juxtaposition accidentelle du Muschelkalk et du Grès Bigarré
H
K
Fig. 2. Coupe du Terrain des Environs de la Marche
(Dép.t des Vosges.)
Mont Hémillon
Mont de la Justice
Mont S.t Etienne
N
N
N
la Marche
Sorcicourt
m
K
H
c
N
I
I
Fig. 3. Coupe d'une Colline au Nord de Genaise
(Dép.t de la H.te Marne.)
I
N
b
I
g
K
K
N. E.
Fig. 4. Coupe du Terrain au S. O. de Bourbonne-les-Bains
(H.te Marne)
N
I
b
g
Bourbonne les Bains
K
K
S. O.
LÉGENDE
(pour toute la Planche)
H   Grès Bigarré
K   Muschelkalk
I   Marnes irisées
N   1.er Étage de la Formation du Lias, compren.t
      l'un des Grès nommés Quadersandstein.
c   Couche de Calcaire Magnesifère qui se
      trouve dans les Marnes irisées.
g   Amas de Gypse.
b   Marnes Charbonneuses.
Fig. 5. Coupe du Terrain à l'Ouest de Bourbonne-les-Bains
Sauxures
Andilly
P
N
P
N
P
N
b
I
I
I
Bourbonne les Bains
a
K
K
I
I
Annales des Mines Tome I.er (1827.)
Gravé par Berthe

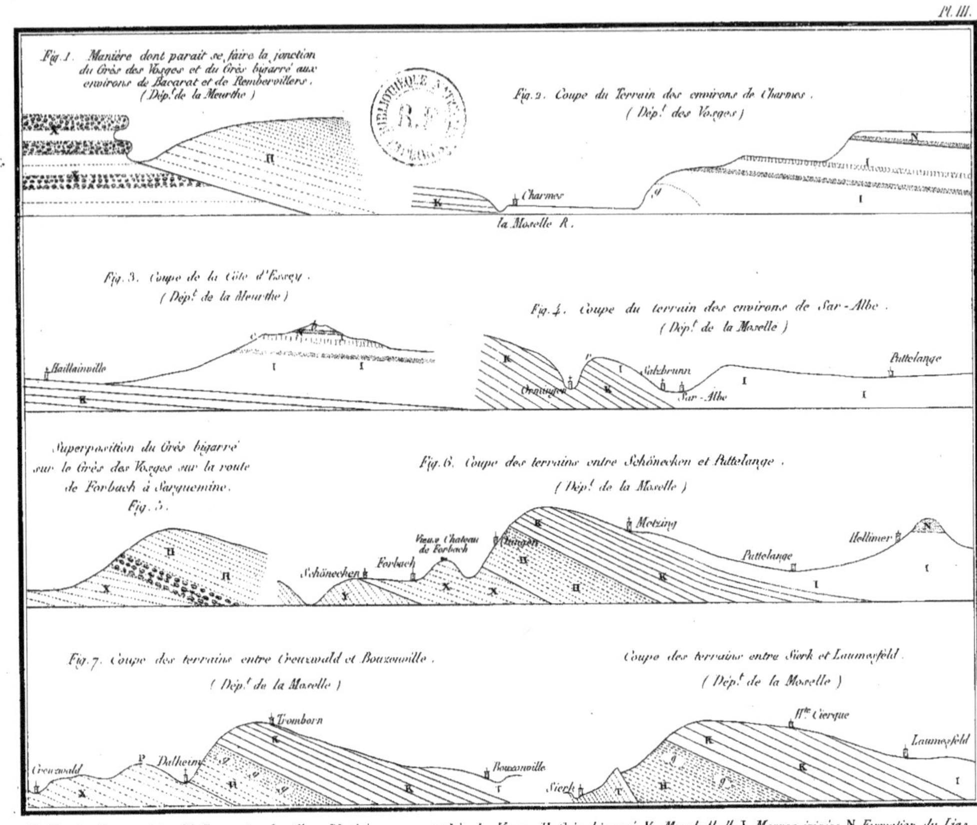

T. Terrain de transition. Y. Formation houillère. X. Grès rouge et Grès des Vosges. H. Grès bigarré. K. Muschelkalk. I. Marnes irisées. N. Formation du Lias. g. Amas de Gypse. b. Basalte.